发展中国家水资源开发保护与管理

[加]Asit K. Biswas 等 编著

毛文耀 曹正浩 李雪松 译

黄河水利出版社
·郑州·

图书在版编目(CIP)数据

发展中国家水资源开发保护与管理/(加)彼斯瓦斯(Asit
K. B.)等编著;毛文耀,曹正浩,李雪松译 . —郑州:黄河
水利出版社,2009.6

ISBN 978 - 7 - 80734 - 638 - 8

Ⅰ. 发… Ⅱ. ①彼… ②毛… ③曹… ④李… Ⅲ. ①发展中
国家 - 水资源 - 资源开发 - 国际学术会议 - 文集②发展中
国家 - 水资源 - 资源保护 - 国际学术会议 - 文集③发展中
国家 - 水资源管理 - 国际学术会议 - 文集 Ⅳ. TV213 - 53

中国版本图书馆 CIP 数据核字(2009)第 085049 号

出　版　社:黄河水利出版社
　　　　　　地址:河南省郑州市顺河路黄委综合楼 14 层　　邮政编码:450003
发行单位:黄河水利出版社
　　　　　　发行部电话:0371 - 66026940、66020550、66028024、66022620(传真)
　　　　　　E-mail:hhslcbs@126.com
承印单位:黄河水利委员会印刷厂
开本:890 mm ×1 240 mm　1/32
印张:6.25
字数:180 千字　　　　　　　　　　印数:1—1 000
版次:2009 年 6 月第 1 版　　　　　印次:2009 年 6 月第 1 次印刷

定价:20.00 元

编者简介

Prof Asit K. Biswas

　　Asit K. Biswas 教授是设在墨西哥的第三世界水管理中心的会长。他曾在英国和加拿大当过教授、出任世界水资源委员会委员和世界水理事会董事部的成员。他曾是 17 个国家政府的高级顾问、6 个联合国组织和多个主要国际机构的领导人。他是国际水资源协会和国际生态经营管理学会的前会长，也是东京俱乐部的创办人和联合主席。

　　Biswas 教授是国际水源发展学报的创办人，担任学报总编辑 21 年。他撰写和编辑了 64 本书（还有 7 本正在出版中），并且发表超过 600 篇的科学和技术性论文。他的作品现已被译成 32 种语言。

　　在他所荣获的多个奖项中，包括了国际水资源协会的两个最高荣誉水晶珠奖和千禧年奖（Crystal Drop and Millennium Award）、美国土木工程协会的 Walter Huber 奖，并获瑞典隆德大学的名誉技术博士学位。在 2006 年，Biswas 教授因对"环球性水源供应问题所做出的杰出和多方面贡献"而荣获了斯德哥尔摩水奖、加拿大年度伟人奖和西班牙阿拉贡的环境奖。

编者简介

Dr Cecilia Tortajada

Cecilia Tortajada 博士是设在墨西哥的第三世界水管理中心的副会长,同时也是位于西班牙阿拉贡的国际水中心、国际环境与水中心(CIAMA)的主任。

她曾经在多个主要国际机构及政府组织里担任水源和环境管理顾问,这些机构和组织包括了联合国粮食与农业组织(FAO)、联合国开发计划署(UNDP)、卡尔杜伊斯堡基金会(CDG)、德国国际延续教育与发展协会(InWEnt)以及喀麦隆、印度、土耳其和刚果共和国政府。她目前正在为有关水源管理和可持续水资源制订国家及国际政策,研究通过联合区域发展以协助缓解贫穷的新思路,监督和评估主要的水源开发项目,分析全球环境与水源课题、水资源领域的开发建设和公众参与。

她是国际水源发展学报的编辑,也是国际水源编辑委员会的前成员。目前担任国际水资源协会(IWRA)的副会长。

译者的话

本书围绕"国际水资源保护和管理动态——水的可持续发展"主题,对以水资源的可持续利用所涉及的管理和政策进行了探讨,译者认为,本书是认识和学习水资源可持续开发和管理的好书,对发展中国家水资源开发保护与管理提供了很好的借鉴和思考。

长江水利委员会对组织翻译出版本书给予了大力支持,国际水资源协会终身会员方子云教授亲自为本书写序,在此表示衷心的感谢。由于我们的水平有限,如在错误和不足之处,敬请读者斧正。

参加该书翻译工作的还有黄北峡等同志,在此对这些同志付出的努力表示感谢!

序

本书英文版由 Biswas 教授、土耳其 Unver 主席及 Cecilia Tortajada 博士主编。

Biswas 教授在国际水会议上将英文版赠与我,并热情支持本书的翻译出版,并表示不需为此给编者及出版公司付费,在此表示衷心的感谢!

本书主要内容围绕"国际水资源保持和管理动态——水与可持续发展"主题,对以水资源的可持续利用支撑经济社会的可持续发展所涉及的管理和政策进行探讨,对发展中国家水资源开发保护与管理提供了很好的借鉴和思考。

1. 可持续发展的要求

发展是人类普遍的要求,是基本人权不可分割的组成部分。无论是发达国家还是发展中国家都需要发展,中国用简单的文字表达——"发展是硬道理",真是至理名言。概括地说,过去的传统模式是以"高投入、高消耗、高污染"为特点的经济增长模式,这种模式很不理想。人类在漫长的生活过程中,不断总结经验、探索未来,逐步认识到只有走可持续发展的道路才是唯一正确的选择。1992 年世界环发大会以后,中国率先编制的《21 世纪议程》则是贯彻可持续发展战略的具体行动计划。

可持续发展是世界环境与发展委员会于 1987 年在《我们共同的未来》报告中第一次正式提出的,并经联合国同意,1992 年世界环发大会对其涵义又有新的认识。

可持续发展的英文名是 sustainable development,1988 年在第六届世界水资源大会上就开始讨论这一问题,当时直译为可以承受的发展,大意是指环境可以承受的发展,即在发展中要以环境为控制的焦点。总起来说,可从以下几方面来认识:

(1)从发展的时间尺度考虑,可定义为"既满足当代人的需要,又不对后代人满足其需求能力构成危害的发展";

(2)从发展的空间尺度考虑,还应加上"特定区域的需要不危害和削弱其他区域满足其需求的能力"；

（3）从人与自然的关系上考虑，要求人与自然和谐共处，以人为本。

具体地说，可持续发展意味着，不仅要将人为资源而且也要将足够数量的自然资源（土壤、水、植物和动物）传给下一代，以继续改善生活质量（1987 年世界环发大会）。

因此，可持续发展是一个综合的和动态的概念，它是经济问题、社会问题、资源问题、环境问题四者互相影响、互相协调的综合体，并且随着社会和科学技术的进步，不断地对这个综合体的组成部分进行变革、提高，圆满地按上述三个指导思想进行发展活动。

目前，有许多行业提出了诸如可持续经济、可持续农业、可持续林业、环境的可持续性、水资源的可持续利用与保护等，它们大都是可持续发展的一般性概念的应用。

水与可持续发展的关系如下：

（1）联合国科教文组织的一个研究小组认为，强调水资源系统的可持续性旨在保持生态、环境和水文系统完整性的同时，有助于现在和未来实现经济社会发展目标。

（2）联合国可持续发展高级顾问委员会具体地选出了可持续发展三个非常重要的战略部门，即能源、运输与水。其实能源、运输都与水有关，所以水是可持续发展中的重要问题。

（3）水资源开发应发展为多种开发模式，它不仅包括河流开发，还包括水的再循环和雨水收集、水权转移、水的脱盐淡化……还应把保护生态和生态系统的健康作为任何水开发方案必须考虑的程序。

（4）"现在不是继续去寻找水来满足将来的需要，而是应进行规划，在有限的资源范围内满足人类和生态系统现在与将来的需要。这是一个根本性的转变——水文改革"。

2. 水资源可持续利用释义及管理目标

如何理解水资源可持续利用尚是一个在不断探索的问题：

（1）可持续性，在时间上包括多长？是否只包括下一代或两代，即子孙后代，约 50 年？

（2）可持续利用的对象并不是永久不变的，如何变也很难确定。

（3）用水资源的可持续利用支持社会、经济的可持续发展是水利工作的总战略。这里"发展"是总目标，水利必须为"发展"服务。

（4）可持续利用的供水范围，可以是全球性的整个人类社会，也可以是一个流域或一个地区的。

（5）在《世界淡水资源综合评估》中 Gleick（1996）对水的可持续利用作了大体的定义："水利用需达到保持人类社会持久地发展至无限未来的能力，而不损害水循环的整体性，也不损害依赖水而生存的各种生态系统。"

（6）《世界淡水资源综合评估》一书中对水资源可持续利用的标准和目标也作了介绍，主要是：

①人类基本用水要求。首要目标是满足人类基本需要的一个基本用水量。对于人类来说，饮用水不足是直接造成每年几百万人过早死亡的原因。以可以承受的价格提供支持人类代谢和保持人类健康的基本淡水量应该得到各国政府、国际组织、地方供水商和非政府组织有保障的承诺。

②环境基本用水要求。第 2 项标准要求应保证满足自然生态系统基本需要的一个基本水量。必须作出有关保持或恢复生态系统应达到什么程度以及检测生态系统健康状况的各种指标方面的社会决策。这些决策的实例包括保护未筑坝河流的各个河段、在某些河段建立最低流量要求标准、为环境从主要水工程重新分配水以及制定湿地保护标准。

③水质标准。不同的用水对水质的要求不同。因此，必须为不同用途的用水制定水质标准，而且，对水质必须进行监测和维护以满足这些标准。这些水质标准是为了确保饮用水能够比较合理地免受危害人类健康污染物的影响。非人类用水无需进行保护达到饮水标准。例如，许多为工业、商业、浇灌或景观目的用水可使用较低标准的水，可大大节省费用。环境用水要求需要制定类似的水质标准。应尽量弄清这些差异并制定满足各种水质标准要求的办法。

④水资源再生性。淡水资源被认为是典型的可再生资源：可以用一种不影响同类资源长期利用的方式进行利用。然而，有些利用方式可以使可再生水资源不能再生，包括流域管理不当、地下水超采、地面

下沉和含水层污染。使可再生水资源不能再生的任何行为都是在盗用后代的水资源,这违背了可持续利用最基本的要求。土地协调利用和水政策应明确地防止进行这些不可逆的活动。

⑤其他。如:可持续利用目标还必须应用于水资源管理,特别是要保证在决策中民主地代表受影响各方的意见,保证公开公平地享有各种资源信息,并保证在分配这些资源时有各种选择方案。

3. 维护健康长江,以水资源的可持续利用支持长江流域经济社会的可持续发展

在水利建设上建立两个保障体系(资源节约、环境良好),完成以下五项主要任务:

(1)改变制约可持续发展的不利因素,如流域内洪涝旱灾、毁林开荒、水土流失和水污染严重等。必须有序地进行洪涝灾害、水土流失及水污染等的防治,研究环境可以承受的发展等问题,以提供可持续发展的环境保障体系。

(2)研究流域水文循环规律和可再生水资源量及其质量的分布情况,为可持续发展提供资源保障体系。因此,应首先评价流域的水资源情况,在此基础上根据供需分析,解决可持续发展的农业、城市、工业及生态供水问题,以及开发可持续能源(水电)、水运和游乐等问题,以便进行水利工程建设,维护长江生命健康,达到水资源优化配置。

(3)充分发挥流域水资源的优势和地区优势,南水北调和从长江治理开发上促进流域东、中、西部的协调发展是重要的战略措施。

(4)实现流域管理和行政区域管理相结合的流域综合管理是流域可持续发展的重要措施,克服重建轻管思想,加强水资源的宏观管理,以流域可持续发展和水可持续利用思想为指导,将水资源的开发、利用、保护和管理作为一个整体,统一管理,科学分配,使有限的水资源更有效地发挥作用。

(5)作好流域(河段)的水量分配,保证维护长江健康的环境需水供应。

以图 1 表示代表流域(或河段)总的可用水量。图的下部代表环境需水量,上部代表可以为农业、工业、城市、家畜、家庭和火电等总的

利用水量。

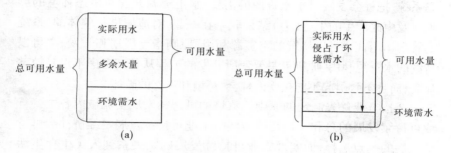

图1 流域(或河段)总的可用水量

图1(a)表示流域环境需水是安全的,图1(b)表示流域环境需水供不应求,必须设法予以满足。

环境与生态需水是不同时空条件下,区域内维持特定的环境与生态功能所必需的一定水质的最小水资源量。它是一个时空变量,具有环境与生态和自然的属性。它既受人类活动的影响,同时又体现了人们对环境与生态系统的认识和管理水平,目的在于人类和自然共同管理水,作到人水协调。

维护健康长江环境与生态需水要求主要包括:

①维护河流水、沙平衡需水量;

②维护河流水、盐平衡需水量(河口段);

③维护河流一定稀释自净能力的水量;

④维护河流水生生物栖息生长所需水量;

⑤维护湿地、沼泽地生态系统保护所需水量;

⑥维护河流景观与游乐等功能所需水量;

⑦维护河道外绿化用水的水量。

制定可持续发展战略原则:

①综合体原则。可持续发展是一个综合的和动态的概念,是经济问题、社会问题、环境与生态问题、资源问题相互影响、相互协调的综合体。社会是可持续发展的目的,经济是推动力,环境与生态是保障,资源则是可持续发展的基础。

②流域整体性原则。以流域可持续发展为目标,把流域作为一个生态系统,把社会发展对水土资源的需要,水土资源开发对生态环境的影响以及由此产生的生产(力)结果联系在一起,对流域进行整体的、系统的管理运用,以"可以持续的水资源利用"原则指导规划和开发。"可以持续的水资源利用"原则就是要使所开发的工程从长期考虑不仅是效益显著,而且不致引起不能接受的社会、环境和生态的破坏。

③按行业优先制定的原则。流域的可持续发展是流域内各主要行业可持续发展的总和。长江流域实行工业可持续发展是经济社会可持续发展的基点选择,而实现农业可持续发展则是关系到人民生存生活的重要组成部分。所以,流域可持续发展首先决定于该流域工业、农业发展和城市环境保护、资源供应情况。由于工业、农业和城市都是位于一定的区域,其发展和环境保护又必须变为当地政府乃至每个人的具体行动,因而制定区域可持续发展和环境保护战略,一定要做好各个点与所在区域的协调。

④抓重点行业及组成的原则。例如,能源是工业、农业和城市可持续发展的基础,但如布局、构成和使用不合理,一方面会使原材料逐渐消耗而不能持续供应,另一方面又污染环境。所以,对于能源供应应尽可能使用可再生能源。

⑤正确处理水利发展中的环境影响原则。长江流域为解决水资源问题、能源问题,保障经济社会发展,兴建一大批水利水电工程是发展的需要。任何工程对环境都有其正影响和负影响。合理的方法是全面考虑正的和负的影响,并努力争取正影响的最大而负影响的最小,假如把注意力只集中在正影响或负影响方面而不考虑另一方面的影响,水工程的潜在的整体效益将不能得到发挥,有时会作出错误的决策。

⑥运用水库改善环境的调度。建设水库就有水库调度问题。水库是工具,调度的对象是水资源,所以水库调度实质上是水资源调度。水库改善环境的调度是一个崭新的、迫切需要解决的问题。国内曾从下述各个方面分别进行了研究,即改善下游水质、保护鱼类生产、研究水库水温变化,满足灌溉及冷却等要求、血吸虫病防治调度、防蚊生长调度、泥沙调度、防凌调度、水库游乐调度及控制水生杂草等(河道流量

管理也可作为控制水生杂草的手段)。

4. 维护健康长江和流域安全的长江流域可持续发展战略框架

根据可持续发展以资源和环境为保障,以系统工程为原理的原则,制定长江流域可持续发展战略框架(见图2)。

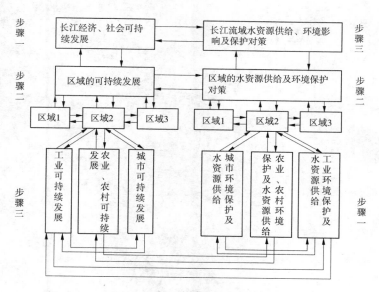

图2 长江流域可持续发展战略框架

由图2可见,制定经济、社会可持续发展规划是一个反复、复杂的过程,有三至四个层次。从宏观研究它的战略程序,是从流域出发,以流域总体优化为目标:在流域进行宏观布局之后,即研究各个区域的可持续发展及各个区域间的矛盾;最后研究和安排各个区域的工业、农业发展和城市布局。进行了这一轮从大系统到具体组成单元的宏观安排之后,就要反方向逐一具体研究与环境、资源的关系,然后根据研究结果对原拟的发展规划进行反馈,以制定各个区域的工业、农业及城市的可持续发展规划,最后制定长江流域可持续发展总体战略。

教授级高级工程师 国际水资源协会终身会员 方子云

编者的话

在过去短短 10 年间,斯德哥尔摩水论坛毫无疑问成为一年一度的世界水事盛会。来自世界各地不同学科和专业背景的水专家们齐聚于此,讨论全球性、地区性、国家性的水事问题。像国际水资源协会(IWRA)、世界水理事会(WWC)和全球水伙伴组织(GWP)等非常有影响力的国际组织,也开始在水论坛的框架下共同主持并设置了多学科的研讨会。

在短短的 10 年间,有关水的全球讨论中心能从联合国转移到了斯德哥尔摩,斯德哥尔摩水论坛的组织者确实做出了巨大的贡献。许多新的观点、理念和创意往往来自斯德哥尔摩。这意味着,水专家的思维要与最新的水资源观念和发展保持同步,参加每年 8 月份在瑞典举行的年会是必要的。

1999 年在斯德哥尔摩水论坛,第三世界水资源管理中心、国际水资源协会、联合国人类居住中心和斯德哥尔摩国际水研究所共同发起举办了一场主题为"城市水管理所面临的挑战"的研讨会。研讨会由 Asit K. Biswas 教授(第三世界水资源管理中心主任)和 Kalyan Ray 女士(联合国人类居住中心基建部负责人)分别担任正、副主席,Cecilia Tortajada(第三世界水资源管理中心副主任)和 Peter Soderbaum(瑞典马拉达伦学院教授)担任大会报告起草人。

研讨会的主题是分析随着城市的不断发展,发展中国家在城市供水、卫生设施、防洪管理中所面临的经济、环境、政治与制度问题,并对现有的相关措施、制度进行了讨论。

研讨会邀请世界各地的专家撰文 40 篇。这些文章通过同行专家的评议,选出 20% 在斯德哥尔摩水论坛进行相关的陈述与讨论,并经修改后出版发行。

通过对干旱与非干旱发展中国家的案例分析,不论各国是否存在地理位置的差异,与会各国关注的焦点均趋于一致。和非洲国家一样,阿拉伯半岛、东欧、亚洲和拉丁美洲所面临的问题几乎相同。缺乏高效的执行机构、缺乏有效的规章制度、缺乏部门政策与执行机制以及不合适的管理体制和泛滥的中央集权管理制是产生一系列问题的主要原因。不仅如此,这些国家还存在不注重培养公私合作关系、不鼓励需求管理实践、没有足够关注教育及能力建设等问题。然而,上述所有问题不是短期能够解决的,它需要一个整体的、综合的长期规划。

孟加拉国之类的国家面临着的是洪水管理与供水质量的困扰,而沙特阿拉伯之类的干旱国家则面临着如何发展技术和建设工程措施以满足全民饮用水需求。与会人员一致认为,长期的解决方案不仅依赖于基础设施建设,更依赖于需求管理措施的执行,制定战略框架和改革现有制度的运行效率。没有统一协商的规划,发展中国家城市水资源持续发展将无从谈起。

关于制度发展的讨论认为,传统的能力建设将导致机构内更加严重的官僚化现象,这些机构往往强调数量上的目标而忽视质量。研讨会中的相关研究资料显示,按照城市供水管理体制设置的机构结构与其效力有直接的关系。

在本书中有两篇回顾环境退化导致影响经济发展的文章,而在墨西哥和圣保罗,环境评价被认为是无效的。

与会者还就分布在各地区的水管理机构进行了讨论。按流域划分管理机构的观点,某些机构的设置是不必要的。但是出于对现实政治、制度、法律以及文化需要的考虑,仍然设置了这些机构。在这种情况下,这些机构最好按照行政区划进行管理。这些区域的划分需要经过慎重的考虑,特别应以城市水管理为参考。

研讨会就城市水系统所有权归属公有或私有的利弊进行了广泛的讨论。大会取得比较一致的意见,不论是公共部门还是私有部门都不能单独地成功解决城市水管理问题,因此必须建立政府和企业合作框架。具体的合作形式依国家和地区差异而不同,没有固定的模式可以套用。如何制定与不同国家体制相适宜的规章制度,以及如何保护城市贫民和私人投资者等问题需要进一步的研究。可以断定,政府或企业能单独解决问题的想法从长期来看不可能成功。

毫无疑问,城市水管理没有固定模式。因此,解决方案需根据气候、经济、社会、环境、文化等因素进行编制。将发达国家的经验、技术和管理方案直接引进到发展中国家已被证明是无法达到预期目的的,因此需要制定和执行有地方特色与低成本的政策。

研讨会一致认为,发展中国家城市水管理面临的主要挑战是资金问题,必须取得各方面及时的资助。目前,世界银行每年向水部门贷款总数约为 29 亿美元,但根据发达国家用于城市水管理投资的准确估计,投资额有可能为世界银行贷款的数百倍。例如,据第三世界水资源管理中心估计,在拉丁美洲只有 6% 的污废水进行过处理,如果要处理 50% 的污废水,投资额将会是天文数字。同时,由于人类生活的需要,建造废水处理厂和改善水质将会是庞大的工程。目前,即使有大量的资金投入,许多国家仍然没有足够的能力和技术来处理大幅度增加的污水。在未来,以上问题迫切需要考虑。

Asit K. Biswas
第三世界水资源管理中心会长
斯德哥尔摩水论坛学术委员会成员

目　录

第 1 章　干旱的发展中国家
城市水务管理

（WALID A. ABDERRAHMAN 著）

1.1　阿拉伯半岛发展中国家情况简介

　　据估计,发展中国家城市人口将在未来 15 年内增加 1 倍。快速的城市化、工业化和人口增长给地方政府和相关部门带来极大的挑战。同样,也给阿拉伯半岛发展中国家沙特阿拉伯、科威特、阿拉伯联合酋长国(阿联酋)、巴林、卡塔尔、阿曼、也门(见图 1.1)的城市水务管理带来极大的挑战。

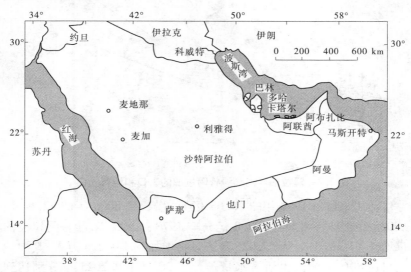

图 1.1　阿拉伯半岛国家地图

　　阿拉伯半岛年降水量不足 150 mm,降水稀少,水资源十分有限。淡化海水和有限的地下水是其供水的主要来源。1970 ~ 1995 年,阿拉伯半岛人口以超过 3.4% 的平均增长率由 1 768.8 万人增长到了 3 852 万人,预计到 2025 年将增加到 8 125 万人。城市人口比例预计由 1995 年的 60% 上升至 2025 年的 80% (见图 1.2)。

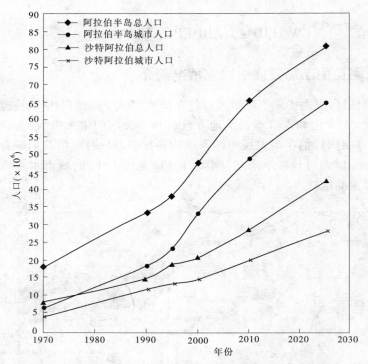

图 1.2 阿拉伯半岛和沙特阿拉伯的人口和城市人口

生活用水量由 1990 年的 28.63 亿 m^3 增长到 2000 年的 42.64 亿 m^3,2025 年预计将增加到 105.8 亿 m^3。1970～1995 年,沙特阿拉伯的人口增长了 143.6%,预计 2025 年人口将增加到 4 042.6 万人,其中城市人口占 80%。该国生活需水量预计在 2000 年和 2025 年分别达到 23.5 亿 m^3 和 64.5 亿 m^3。

各国设立了专门的机构以提供供水服务以及废水的收集、处理和回收工作,同时还出台了相关的法律法规以保护自然资源。半岛的波斯湾地区和红海沿岸共建设有 57 座造价不菲的海水淡化处理厂,还建有淡水输送管道将淡水输送至沿岸和内陆的主要城市。对于一座大型的海水淡化处理厂,按国际平均能源价格计算,海水淡化处理单位成本约为 0.70 美元/ m^3。各国对水利工程和卫生设施的总投资已经超过300 亿美元。目前,淡化处理后的海水约占生活需水量的 46%,剩余部分则通过地下水资源补充。

但是法律法规和机构设置上的缺失以及过低的水价间接导致了生活用水过度使用、废水过度排放、管道大量泄漏及由此而引起的浅层地下水位的上升。为满足日益增长的城市用水需求,各国需要做到以下几点:

(1)引进新技术以减少用水需求和损失,加强废水的循环利用和节约用水;

(2)完善有关的法律法规以明确和规范各水利机构的责任与行为;

(3)引进长效透明的规章制度,采用不同形式供水服务的私有化,以减少修建、运行、维护水处理设施的成本,改进服务质量,提高废水回收处理的水平;

(4)提高水价,以反映水的真实价值,加强公众对水价值的认识;

(5)根据水需求量预测,编制国家长短期用水规划。

在未来 25 年内,阿拉伯半岛地区的城市化水平将十分显著。该地区的国家一向致力于海水淡化处理厂和废水回收利用的投资,为满足日益增长的用水和卫生设施要求,还需要修建更多的工程,这些给决策者带来了技术、管理和财政上新的挑战。

本章以沙特阿拉伯为例,分析了当前阿拉伯国家供水和卫生设施需求及水务管理现状,同时指出水务管理中的问题并提出改进的方法。

1.2　城市用水需求

城市用水包括工业用水和生活用水。生活用水包括居民生活用水、商业用水、公共建筑和公共设施用水,以及输水管网的泄漏。居民生活用水占生活用水总量的一半以上。

1.2.1　生活需水量

　　近 20 年以来,随着阿拉伯国家人口的快速增长以及城市化、工业化和生活水平的提高,城市用水量出现了很大的增长。半岛的城市人口由 1970 年的 608 万人增长到 1995 年的 2 312 万人,预计 2000 年和 2025 年将分别达到 3 338 万人和 6 500 万人(见图 1.2)。生活需水量也由 1990 年的 22.69 亿 m^3 增加到 2000 年的 42.64 亿 m^3,预计 2025 年将增加到 105.8 亿 m^3(图 1.3)。1990 年,城市生活用水量占用水总量的 10%,预计这一比例将于 2000 年和 2025 年分别达到 16.26% 和 28.52%。这是阿拉伯半岛国家城市化给生活用水量带来的影响。

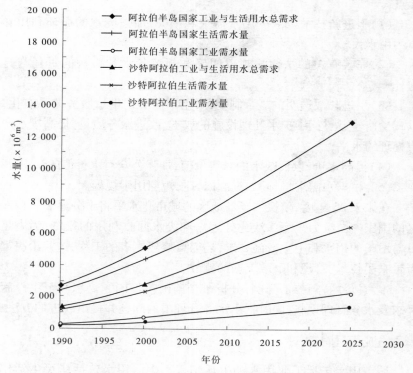

图 1.3　阿拉伯半岛国家和沙特阿拉伯需水量
(摘自 ESCWA 秘书处资料汇编)

　　沙特阿拉伯的人口 1970 ~ 1995 年增长了 143.6%，预计 1995 ~ 2025 年还会增长 114%，届时人口将达到 4 042.6 万人（见图 1.2）。该国城市人口由 1970 年的 374 万人增加到 1995 年的 1 584 万人（译者注：原文数字与图有误），预计到 2025 年将增加到 3 230 万人（译者注：原文数字与图有误），占全国人口的 80%。与之对应，1990 ~ 1995 年生活用水量占总用水量的比例由 7% 增加到 9.2%。预计到 2000 年和 2025 年，该比例将分别增加到 13.2% 和 26.6%，即 2025 年生活用水量将达到 64.5 亿 m^3。

　　利雅得（Riyadh）就是该国城市化的一个极好的例子。该市城市化水平和人口经历了显著的增长。利雅得的人口由 1980 年的 109.4 万人增长到 1995 年的 298 万人，预计 2000 年和 2025 年还将分别增长到 360.8 万人和 679.5 万人（Al Hajji & Abu Aba，1999）（见表 1.1）。每日用水量由 1980 年的 21.9 万 m^3 增加到 1995 年的 115.3 万 m^3，到 2000 年和 2025 年将分别增加到 155.1 万 m^3 和 309.8 万 m^3（见表 1.1）。供水管网连接的用户数量也由 1980 年的 83 222 户增加到 1995 年的 219 037 户，预计 2000 年和 2025 年将分别增加到 263 975 户和 499 670 户（见表 1.1）。

表 1.1　利雅得人口、用水量、用水用户情况

年份	人口	用水量（m^3/d）	用水量（L/人·d）	用户数（户）
1980	1 094 516	219 912	2 009	83 222
1985	1 723 092	584 445	339	137 647
1990	2 351 669	851 304	362	187 576
1995	2 980 245	1 153 569	387	219 037
2000	3 608 822	1 551 195	429.83	263 975
2005	4 237 394	1 872 555	441.9	307 975
2010	4 865 198	2 181 220	448	330 125
2020	6 152 899	2 787 263	453	452 419
2025	6 795 514	3 098 754	456	499 670

1.2.2　工业需水量

由于近 20 年来阿拉伯半岛国家工业的快速发展,工业需水量也有大幅度的增长。阿拉伯半岛国家的工业结构主要由石油、化工、水泥、钢铁、化肥、矿业、碱性金属业、纺织业、食品和饮料产业组成。虽然工业需水量在全国需水总量中的比重不大,但有的部门对水质的要求却很严格。1990～2000 年阿拉伯半岛国家工业需水量占国家总需水量的比例从 1.2% 上升到 3.38%,2025 年将上升到 6.12%(见图 1.3)。

沙特阿拉伯的工业需水量从 1990 年的 1.9 亿 m^3 增加到 2000 年的 4.15 亿 m^3,预计 2010 年将增加到 14.5 亿 m^3,三者分别占当年沙特阿拉伯总需水量的 1.16%、2.33% 和 6%。工业用水的主要来源是淡化的海水和无法更新的地下水资源,与此同时,工业部门也产生大量的废水。

1.3　供水和卫生

1.3.1　供水

阿拉伯半岛国家 75%～97% 的城市人口能够得到合格的饮用水。快速增长的城市化水平和用水需求迫使各国加大在淡化处理厂和输水管网上的投资。波斯湾地区和红海沿岸已建成几座大型的海水淡化处理厂以提供饮用水,并通过输水管网向沿岸和内陆城市输送,这些城市包括利雅得、麦加、麦地那和塔伊夫等。1992 年,阿拉伯半岛 80% 的海水淡化厂使用了多级闪蒸蒸馏(MSF)工艺,另外 20% 采用了海水反渗透淡化(RO)工艺(Alawi & Abdul – razzak,1993)。到 2000 年,半岛的淡化水产量占全世界产量的 60%(Authman,1999)。1995 年,各国建设的淡化处理厂数量分别为:沙特阿拉伯 92 家(其中 MSF 厂和 RO 厂的比例为 57:35)、阿联酋 8 家、科威特 6 家、巴林 3 家、卡塔尔 2 家、也门 1 家、阿曼 2 家。1997 年,沙特阿拉伯成为世界上海水淡化生产国。当年,淡化处理厂的生产能力达到 1 000～798 864 m^3/d(Bushnak,1997)(见表 1.2)。

图 1.4 是 1996 年阿拉伯半岛各国的水资源情况(ESCWA,1997)。1996 年阿拉伯半岛国家淡化水产量是 16.839 亿 m^3,占其当年生活和

表 1.2　沙特阿拉伯主要的海水淡化厂及其日处理能力

处理厂	处理能力(m^3/d)	处理工艺
西海岸		
JeddahII	37 850	MSF
JeddahIII	65 700	MSF
JeddahIV	189 250	MSF
JeddahRO1	48 827	RO
JeddahRO2	48 827	RO
ShouibahI	181 860	MSF
ShouibahII	378 787	MSF
YanbuI	181 860	MSF
YanbuII	99 000	MSF
YanbuRO	128 000	RO
AsirI	75 700	MSF
KingFaisalNavalBaseI	7 500	MSF
KingFaisalNavalBaseII	7 500	RO
HaqlII	3 785	RO
DubaIII	3 785	RO
UmlujjII	3 785	RO
AziziaI	3 870	MED
DahbanJTC	3 500	RO
JeddahADC	3 400	RO
Al – BirkI	1 952	RO
KAAAI	4 000	MSF
KAAAII	2 000	RO
KFIP	2 000	RO

续表 1.2

处理厂	处理能力（m³/d）	处理工艺
SaudiaCity	4 000	MSF
SaudiaCity	2 000	VC
Farasan	1 000	MSF
东海岸		
JubailI	116 035	MSF
JubailII	798 864	MSF
JubailRO	90 909	RO
Al – KhoberII	193 536	MSF
Al – KhoberIII	227 272	MSF
Al – KhafjiII	18 624	MSF
Tanajib	13 600	RO
Al – Safaniya	3 785	RO
RasMesa'ab	1 450	RO
JubailI	37 850	MSF

注：摘自 Bushnak，1997 年发表的 WDWR 一文。

工业用水总量 35.677 亿 m³ 的 47%，其余部分主要来自于浅层和深层地下水资源。各国淡化水产量及其所占本国总用水量的比例差异很大。1990 年，沙特阿拉伯、科威特、阿联酋及也门的淡化水产量分别占本国生活和工业用水总量的 43%、79%、63% 和 5%（见表 1.3）。为满足日益增长的生活和工业用水需求，淡化水生产能力由 1990 年的 9 亿 m³ 提高到 2000 年的 26.69 亿 m³。到 2000 年，沙特阿拉伯、科威特、阿联酋和也门的淡化水产量分别占本国生活和工业用水总量的 38%、89%、99% 和 23%。

沙特阿拉伯 97% 的家庭饮用清洁水。1997 年，该国的淡化水产量是 7.19 亿 m³，为满足不断增长的生活用水需求，在 2000 年提高产量至 10.57 亿 m³（Al – Ghamdi，1997）。以世界平均能源价格计算，一家

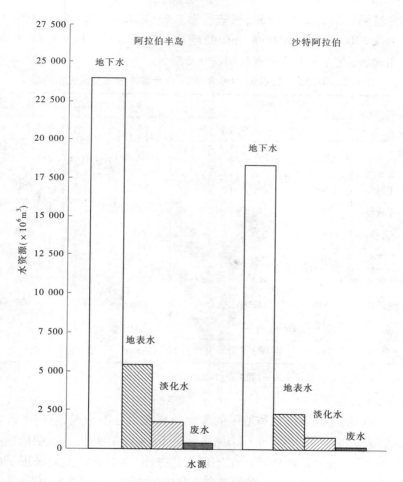

图 1.4　阿拉伯半岛和沙特阿拉伯的水资源(1996 年)

(摘自 ESCWA(1997)，Alawi & Abdularazak (1993)，Dabbagh & Abderrahman (1997)，个人估计)

大的 MSF 处理厂淡化海水的成本价为 0.7 美元/m^3(Bushnak,1997)，同时,处理厂还能够向地区电力公司提供电力。对于一个中等规模的处理厂,海水淡化更为现实的成本价是 0.9 美元/m^3。各国的供水成本均不相同,甚至同一个国家的不同地区也有差别。淡化水供应成本在沙特阿拉伯是 1 美元/m^3,科威特为 1.63 美元/m^3(ESCWA,1997)。在海拔 620 m 处,从朱拜勒(Jubail)淡化厂至利雅得一段 460 km 的输水距离,每立方米水的输水费用达 0.2 美元。

表1.3　阿拉伯半岛各国 1990 年和 2000 年需水总量及淡化水产量

国家	1990 年			2000 年		
	(D+I) ($\times 10^6 m^3$)	淡化水产量		(D+I) ($\times 10^6 m^3$)	淡化水产量	
		($\times 10^6 m^3$)	占(D+I) (%)		($\times 10^6 m^3$)	占(D+I) (%)
巴林	103	56	54	195	115	59
科威特	303	240	79	480	428	89
阿曼	87	32	37	255	68	30
卡塔尔	85	23	27	105	2.6	3
沙特阿拉伯	1 340	580	43	2 765	1 057	38
阿联酋	540	342	63	780	772	99
也门	199	9	5	420	10	23
合计	2 657	982	36.95	5 000	2 669	53.38

注:(D+I)表示生活(Domestic)和工业(Industry)需水量。

1.3.2　卫生

阿拉伯半岛各国家和地区的废水处理能力各不相同,总的来说能够处理约40%的生活污水(Alawi & Abdulrazzak,1993),这说明依然有很大一部分废水未被处理。在处理工艺方面,半岛地区主要采用了次级和三级处理。1996 年,半岛得到再利用的废水总量是 3.15 亿 m^3,占当年生活用水量的11%(ESCWA,1997)。

在沙特阿拉伯的某些城市,约55%的家庭连入了污水处理网络,其余的则依然采用化粪池处理污水。据估计,1996 年该国产生的废水总量是 10 亿 m^3,2000 年上升到 15 亿 m^3。1996 年,收集和处理的废水总量为 5.26 亿 m^3,占市政用水总量的42%(Al-Rehaili,1997)。当年回收利用的废水量为 1.27 亿 m^3(主要用于农作物灌溉、景观用水和

精炼厂用水),占已处理废水的 24%,占污水总量的 7%。计划到 2000
年和 2010 年,回收废水总量分别为 4.73 亿 m³、10 亿 m³。工业部门也
产生大量的废水,为减少工业用水量,提高废水循环利用水平和保护环
境,大型工业城市分布在国家的不同地区。每座城市建有成百上千家工
厂,不同工业城市的工厂产生的废水水质也不相同。总的来说,依然有
大量的废水没有利用。为了加强废水循环,减少废水排放和抽取地下
水,同时为了保护环境,工厂正在采用称为水闭路循环的新工艺。

1.4　制度和法律方面的考虑

在阿拉伯半岛国家里,与水相关的制度方面的安排和法律措施都
与伊斯兰教教义(Shari'a)保持一致。水被认为是一种自然资源,是国
家持续发展的重要组成部分。各国政府设立了专门机构和规章制度来
规范和管理各种与水有关的行为,对用水需求进行高效管理。近 10 年
来,各国在与水相关的制度和法律方面的改革做了大量工作。沙特阿
拉伯、科威特、卡塔尔、阿联酋、巴林、阿曼和也门均建立了部级部门和
机构来管理供水及废水回收处理工作。例如,沙特阿拉伯建立了专门
的机构来管理供水系统,并出台了相关的法律、制度来管理用水需求和
保护社团利益及自然资源。1953 年成立农业水利部(Ministry of Agri-
culture and Water(MAW)),负责供水和满足本国对水质及水量的要
求。海水淡化公司(Saline Water Conversion Corporation(SWCC))作为
农业水利部的部属公司于 1965 年成立,1974 年成为农业水利部下属
的独立公司,主要职责是负责建设、运行和维护海水淡化处理厂。供排
水局(Water and Wastewater Authority(WWA))是农村和市政事务部
(Ministry of Rural and Municipal Affairs)下属的独立部门,负责向各个
地区和城市供水并进行废水处理工作。国家还出台了水管理相关法律
和规章制度,其中包括减少水需求和增加可用水资源的措施。1993
年,阿联酋通过的第 7 号法案(Law No.7)称将建立联邦环境局以保护
水资源和制定水标准。巴林 1980 年颁布了第 12 号法案,1982 年颁布
了该法案的修正案,用以规范地下水的开采,保护地下水资源,计量农
业用水量。1994 年,卡塔尔通过的第 13 号法案将环境保护委员会

（Environmental Protection Committee）改为市政部（Ministry of Municipal Affairs），以改进水资源的保护工作。

1.5　水价

阿拉伯半岛各国水利和卫生设施建设在很大程度上都是由政府相关部门资助的。各国按照各自标准向每个用水单位收取水费，每月标准不尽相同。因此，不同国家之间、相同国家的不同用户之间的水价都有差别。水的定价是根据用量的多少来计算的（Alawi & Abdulrazzak，1993）（见表1.4）。总的来说，各国收取的水费要比供水的实际成本低

表 1.4　阿拉伯半岛各国水价

国家	月费率	用途	水价（美元/m³）
沙特阿拉伯	0.15 SR/m³ 1～100 m³	饮用淡水	0.04
	1.00 SR/m³ 101～200 m³	饮用淡水	0.27
	2.00 SR/m³ 201～300 m³	饮用淡水	0.53
	4.00 SR/m³ >300 m³	饮用淡水	1.07
科威特	0.800 KD/1 000 gal	生活淡水	0.58
	0.250 KD/1 000 gal	工业淡水	0.18
	0.100 KD/1 000 gal	含盐工业用水	0.07
	0.100 KD/1 000 gal	含盐生活用水	0.07
	0.200 KD/1 000 gal	含盐农业用水	0.15
巴林	0.025 BD/m³ <60 m³	生活淡水	0.07
	0.080 BD/m³ 60～100 m³	生活淡水	0.21
	0.200 BD/m³ >100 m³	生活淡水	0.53
	0.300 BD/m³ <450 m³	工业淡水	0.80
	0.400 BD/m³ >450 m³	工业淡水	1.06
	0.002 BD/m³ <60 Mm³	含盐水	0.01
	0.025 BD/m³ 60～100 m³	含盐水	0.07
	0.085 BD/m³ >100 m³	含盐水	0.23
卡塔尔	4.40 QR/m³ free for citizens	饮用淡水	1.21

续表 1.4

国家	月费率	用途	水价(美元/m³)
阿联酋	15.00 DH/1 000 gal	饮用淡水	0.90
阿曼	2.000 OR/1 000 gal	饮用淡水	1.14
	3.000 OR/1 000 gal	饮用淡水	1.71
也门	5.40 YR/m³ <10 m³	饮用淡水	0.50
	6.90 YR/m³ 11~20 m³	饮用淡水	0.64
	9.50 YR/m³ 21~30 m³	饮用淡水	0.88
	12.60 YR/m³ 31~40 m³	饮用淡水	1.16
	15.50 YR/m³ <40 m³	饮用淡水	1.43

注:SR, KD, BD, QR, DH, OR 和 YR 分别是各国的货币单位。摘自 Alawi & Abdulrazak (1993)。

得多。在阿拉伯半岛大多数国家里,用户通常只需支付不到实际成本 1/4 的价格。而发达国家,例如德国、比利时、法国、荷兰、英国和加拿大,居民用水水价分别为 1.71、1.31、1.27、1.27、1.1、0.41 美元/m³,这通常都代表了上述各国的实际供水成本。通过这些对比可以明显看出,除了阿曼和也门,阿拉伯半岛国家居民支付的水价要比发达国家少 20%。为了节约水资源,减少废水排放,水价问题有必要重新考虑。

为改进现有的废水收集和处理设施,建造新的污水处理厂,还需要大量的投资。沙特阿拉伯的废水处理成本,视处理水平和处理厂能力不同,一般为 0.16~0.75 美元/m³ 不等。阿曼的废水处理成本为 1.53~1.74 美元/m³。阿联酋的废水处理成本为 0.3 美元/m³,回收利用的成本则为 0.4 美元/m³(ESCWA,1997)。

1.6　需水管理

近几十年来,半岛各国都意识到了水量和水质需求的巨大增长。阿联酋、科威特、阿曼、沙特阿拉伯、巴林、卡塔尔和也门都制定了各自的国家计划来加强生活用水网络的泄漏控制,提高用于工业和灌溉目的的废水回收利用水平。废水回收利用总量预计将由 1996 年的 3.15 亿 m³ 增长到 2000 年的 11.61 亿 m³,2010 年增长到 15.7 亿 m³(ESC-

WA, 1997；Alawi & Abdulrazzak, 1993）。阿联酋的废水回收利用量预计由 1996 年的 1.08 亿 m³ 增长到 2000 年的 2.0 亿 m³，2010 年增长到 2.5 亿 m³。阿曼的回收利用量预计由 1996 年的 550 万 m³ 增长到 2000 年的 0.5 亿 m³ 和 2010 年的 0.61 亿 m³。也门的回收利用量预计由 1996 年的 600 万 m³ 增长到 2000 年的 3 600 万 m³ 和 2010 年的 5 700万 m³。这些国家还采取了泄漏控制措施以减少输水管网上的泄漏水损失。

沙特阿拉伯制定了与水管理相关的法律和规章制度，其中包括减少水需求和增加可用水资源的措施。这些措施包括：城市生活用水管网泄漏的诊断和控制，提高水的价格水平以加强节约用水的意识，回收清洗用水作为盥洗用水，回收高层民用建筑的清洁用水作为盥洗用水，使用未经处理的高盐度水代替淡化水作为麦加大清真寺（Holy Mosque）的盥洗用水。在一项裁决中（裁决，原文 Fatwa，是伊斯兰学者提出的法律观点，是在伊斯兰教中一种有法律效力的宣言）允许再度利用废水，尤其用于灌溉（这项裁决使得每年上百万立方米的废水能够用于灌溉）。

1.7　环境影响

一些研究表明，半岛上与水相关的工程对环境造成的负面影响十分有限。海水淡化厂的能源，例如，烧煤用于产生蒸汽或电力会造成空气污染。消除这种污染耗费昂贵但却十分必要。向波斯湾海域排放的盐水，会对排放口附近小范围区域内造成有限的影响。稀释过程对于降低热盐水的温度及平衡其含盐度十分有效（Bushnak，1997）。处理厂中的筛网和过滤过程可能会使海水中的水生有机物移除或转换，即使有机物尺寸足够穿过筛网和过滤器，它们也有可能被毁损。来自 RO 型处理厂未经控制的热盐水的排放会对浅层和深层地下水造成十分严重的污染，同时还会明显使城市及其附近地区的浅层地下水位明显上升。这种现象在红海、波斯湾沿岸和内陆的一些城市曾经发生过。目前，急需适当的热盐水排放和处理方法来消除这些影响，从而保护环境和地下水资源。

在部分城市,输水管网的泄漏对浅层地下水位的形成、升高以及对地下水水质的污染都产生了极大的影响。某些地区为了满足日益增长的用水需求而过度开采地下水,这种行为对地下水位的下降和地下水质的恶化产生了极大的影响。

1.8　改进城市水务管理的进一步行动

随着城市用水和卫生设施要求的不断增长,如何满足这些需求变得日益困难,仅仅依靠以往重复建设更多更昂贵的海水淡化厂的老路是行不通的。要解决这些问题,需要引进现代化的新法规和制度的改变,同时采用新技术减少用水需求,提高废水循环利用水平,减少供水成本。修正的法规应致力于政策的制定和执行,制定合理利用水资源的指导方针,其中包括淡化水的使用优先级、水的所有权归属、供水职能部门的权限、水资源保护、水价问题、可利用水和用水许可。同时需要引进相应的法治执行机制,提供必要的物力和财力上的充分支持。进行制度上的修改以改进和加强不同水利机构间的合作。应该提高水价以反映水的真实价值,这对减少水的不当使用、节约水资源以及减少废水排放都会有促进作用,同时对降低供水成本,并作为一种财政手段来提高供水工程运行效益也会有所帮助。半岛国家应该考虑采用长效而透明的规章制度以使适当形式的供水服务私有化。为了能以合理的成本满足供水和卫生需求,还需要利用适当的技术进行水需求预测,并制定地区性和全国性长短期水利规划。

1.9　结论

阿拉伯半岛各国经历了快速的城市化和工业化,并伴随着人口的急剧增长。城市化、工业化和人口增长,加上半岛本身极度干旱和可用水资源匮乏等自然条件,给各国水利机构在满足日益增长的用水和卫生需求方面提出了巨大的挑战。在波斯湾和红海沿岸建设海水淡化处理厂对于满足供水要求来说虽然见效快但造价昂贵。然而,多数国家却将解决的重点放在了开发而不是管理上。低水价只会增加用水和废水排放量。应该注意在水需求管理、水循环利用和节约方面的新技术,在立法和制度方面进行改进,加强水资源的有效管理,制定有效的水利规划,明确用水优先级和费率水平。此外,还需要采用长效透明的规章制度以减少水利设施修建、运行和维护成本,改进服务质量和价格标准,减少管网泄漏,提高废水回收利用水平。

致谢

作者对法赫德石油矿物大学研究所对本文研究工作所提供的帮助表示诚挚的谢意。

参考文献

Alawi J & Abdulrazzak M. 1993. Water in the Arabian Peninsula; Problems and Prospective in: P. Rogers & P. Lydon (Eds) Water in the Arab World: Perspectives and Prognoses (Cambridge, MA: Harvard University Press).

Al – Ghamdi A. 1997. Non – Conventional Water Resources Development and Management in Saudi Arabia, Country Report, presented at Expert Group Meeting on Development of Non – Conventional Water Resources and Appropriate Technologies for Groundwater Management in the Economic and Social Commission for Western Asia (ESCWA) Members Countries/UN, 27 – 30 October 1997, Manama, Bahrain.

Al – Hajji H M & Abu Aba I M. 1999. Prediction of water demand quantities and number of house connections using probability approximation, in: Proceedings of 4th Gulf Water Conference, Vol. 3 (Arabic), pp. 123 – 138 (Bahrain, Gulf Water Technology and Science Association).

Al – Rehaili A M. 1997. Municipal wastewater treatment and reuse in Saudi Arabia, Arabian Journal for Science and Engineering, 22 – 1C, pp. 143 – 152.

Authman M N. 1997. Water Desalination and Wastewater Reuse, Report E/ESCWA / ENR/1997/WG. 3/8 prepared for Economic and Social Commission for Western Asia (ESCWA), Expert Group Meeting on Development of Non – Conventional Water Resources and Appropriate Technologies for Ground – water Management in the ESCWA Members Countries, 27 – 30 October 1997, Manama, Bahrain.

Dabbagh A E & Abderrahman W A. 1997. Management of groundwater resources under various irrigation water use scenarios in Saudi Arabia , Arabian Journal for Science and Engineering, 22 – 1c, pp. 47 – 64.

Economic and Social Commission for Western Asia(ESCWA). 1997. Review of the Impact of Pricing Policy on Water Demand in the ESCWA region with a case study on Jordan, aspecial report No. E/ESCWA/ENR/1997/6 (Beirut, Lebanon, ESCWA/UN).

Ministry of Planning (MOP). 1995. Sixth Development Plan (Riyadh, Saudi Arabia , Ministry of Planning Press).

Taher S &Al – Saati A. 1999. Cross sectional analysis of residential water consumption in the city of Riyadh, in: Proceedings of 4th Gulf Water Conference, Vol. 1 (English), pp. 123 – 138, organized by Gulf Water Technology and Science Association, February, Bahrain.

Ukayli M &Husain T. 1988. Comparative Evaluation of Surface Water Availability, Wastewater Reuse and Desalination in Saudi Arabia, Water International, No. 13, pp. 218 – 225.

第 2 章　以孟加拉国为首的发展中国家城市水资源管理问题的研究

（HAMIDUR RAHMAN KHAN &

QUAMRUL ISLAM SIDDIQUE 著）

　　据估计,全球城市人口将增长一倍,即从 1994 年的约 25 亿人增加到 2025 年的 51 亿人。同时,都市化将在发展中国家迅速展开。1970 年,这些国家城市人口占本国总人口的 50%,到了 1994 年,该比例已增加到 66%,预计到 2020 年将继续增加到接近 80%(联合国,1995)。据报道,发展中国家城市水资源已出现短缺,与此同时,城市中家庭、工业和商业供水基础设施十分有限。随着这些直接影响我们日常生活的资源短缺日益加剧,水资源和水质保护将变得更加重要。

2.1　孟加拉国的情况

2.1.1　都市化

　　由于乡村土地大量减少、缺乏机遇和一些自然灾害的影响,乡村人口大量向城市迁移,导致孟加拉国面临着巨大的城市人口增长的挑战。据估计, 1974 ~ 1981 年,孟加拉国城市人口平均增长率为 10.6%,近年虽然降到了 5.4%,但与之相对应的总人口增长率约为 2.1%。达卡市区约有 800 万城市人口居住,占城市人口总数的 30%。城市人口的非均衡增长对现有基础设施及服务,包括供水、公共卫生、固体垃圾采集和排水系统都产生了巨大的压力。在孟加拉国的大多数城市中,环境状况令人担忧,如直接将生活和工业废水排放到河流中,排水系统的不足以及固体垃圾处理不善可能导致地下水受污染。这些问题在达卡尤为突出,据估算约有 45% 的家庭收入在贫困线以下,且达卡的人口增长率相当高。大规模的城市人口加上有限的经济资源,使得城市基础公共设施尤其是供水和公共卫生设施必须进行大力发展。

2.1.2 供水水源

孟加拉国位于恒河—雅鲁藏布江—梅格纳(Meghna)河三角洲地区,是世界上最大的三角洲之一。孟加拉国的水文环境以雅鲁藏布江、恒河和梅格纳(Meghna)河三条主河流为特征。雨季降水量大,年降水量1 500~5 000 mm,由此形成充足的地表水。但经常会受到污染,作为供水水源需要进行包括净化、快速过滤和消毒在内的全套处理。往往由于使用受污染的地表水以及使用来自小溪、河流和浅层管井中未经处理的水源,导致腹泻和其他水生疾病的发生频率很高。由于地下蓄水层的沉积作用,孟加拉国地下水资源的供水水质非常好。地下水不需要经过很多处理,就可以作为公共事业单位和私人机构的饮用水源,大约95%的国内生活饮用水和工业用水(包括像达卡在内的大城市)都是从地下抽取的。然而,一些地区(如达卡)由于过度抽取地下水,导致地下水水位迅速下降,并进一步导致抽取成本提高。某些地区在旱季水资源有限,出现浅管井抽不到水等问题。因此,非常需要用经过处理的地表水来补充地下供水水源。

过去,达卡市的供水工程主要使用地下水。由于达卡地区地下水位大幅下降,大家一直密切关注通过地表水净化设备来增加达卡供水的必要性。目前,有人建议,将地表水处理设备的建设作为达卡供水的第二大投资项目。由于对地下水的抽取持续增长,在过去25年中达卡地下水水位持续下降。在达卡地下水位下降最严重的某些地区,地下水位从1965年的地下水准平面以下3 m变为1989年的地下水准平面以下20 m。考虑到地下水的有限开发潜力和水位进一步下降的风险,有人对进一步开发地下水提出了抗议,认为达卡地下水开发必须要有一定的限制。

据估计,孟加拉国大约42%的城市人口可以获得安全用水,但其余的58%只能依赖于受污染的水源(世界银行,1996),约77%的乡村人口通过手动水泵获得了已改善的用水。乡村地区的供水和公共卫生设施的发展受到了联合国儿童基金会、世界卫生组织、世界银行公共卫生项目、丹麦国际发展机构和瑞士发展公司的支持。

2.1.3　公共卫生设施

在公共卫生方面,达卡仅有部分地方应用了排污处理系统,其他地方大多都使用不卫生的茅坑和贮水箱。在市区,据估计约 40% 的人口享受了垃圾处理等卫生设施所带来的好处。不完善的排污系统、公共卫生废物处理设施不全,未经净化或净化不完全的污染处理系统成为水污染的主要原因,而且孟加拉国水生疾病的发病/死亡率为全球最高。

2.1.4　部门机构

供水系统和公共卫生的法律责任应归属于地方政府、乡村发展合作组织(MLG,RDC),地方政府同规划委员会则共同负责分配区域资源、筹资并进行决策,同时他们也负责项目评估、认证、监督和评价。区域内的所有工程项目都由地方政府主管,地方政府公共健康工程部(DPHE)主要负责规划、建设和运营小城镇及乡村的供水系统。在达卡和吉大港(一个大城市),政府组建的达卡水务局和吉大港水务局作为自治机构对其供水系统和污水处理系统的供应负责。这些机构同时也是地方政府、乡村发展合作组织下属的公共事业单位。达卡水务局同时负责达卡的暴雨排水系统。达卡和吉大港两个城市的城市合作组织除管理水污染外,还必须对所有的公共卫生活动负责。另外,地方政府工程部也属地方政府管辖,并对公共卫生和尚无市政合作区域的城镇市政服务进行技术支持。

2.1.5　供水系统和公共卫生项目资金

孟加拉国在供水领域的发展主要来源于捐赠资助,依靠这些资金,供水能力增加了 10 倍(其基点很低)。虽然政府已制定了其发展安全供水和公共卫生的计划,但由于资金的限制,政府投资水平仍然很低。1973 ~ 1990 年,政府对供水和公共卫生的支出在整个发展支出中的比例从 2.48% 下降到 2.14%,再降到 1.25%。这个数字明显低于其他亚洲同类国家,如斯里兰卡(6.0%)、尼泊尔(4.0%)和缅甸(2.9%)。在第四个五年计划中(1990 ~ 1995 年),政府对供水和公共卫生的支出预算为全部发展支出的 1.41%,且很难达到计划目标。最近 1995 ~ 1997 年 3 年的滚动投资项目呈现出反转的趋势,这部分的分配比重增加到了全部发展支出的 4.0%。

2.1.6 政府的发展战略

政府认识到了改善达卡和其他地区供水及公共卫生的紧迫性,政
府也承认其在供水事业上表现不力,且政府的作为直接导致了供水及
公共卫生服务效率的低下。政府的目标就是在完善公共机构工作效率
的同时改善其服务质量,使尽可能多的民众能持久地享受公共服务,从
而提高人们的健康水平及生产能力。在第四个五年计划的全国发展战
略一文中,政府对供水及公共卫生的政策和战略强调,要逐渐将公共服
务部门职能从供应者的角色转变成扶持者,并鼓励动员开发当地资源。
这种转变意味着政府从供应服务转变为制定政策,并增加了私人成分
在这些服务中的地位。在达卡和一些其他缺乏充足资源的地区,政府
在改善供水和公共卫生方面的努力受到很大限制,地方资源的开发尤
为重要。

2.2 孟加拉国存在的主要问题

2.2.1 水的计量缺损

在一次试验性的渗漏检查和防污项目中发现,达卡水务局生产的
所有水中,据估计只有 44% 具备交易明细清单(世界银行,1996),其余
的都出现了管理性缺损(31%)和技术性缺损(25%)。导致管理性缺
损的主要原因有:

(1)客户数据库不完全;

(2)未经审核的服务连接;

(3)非法服务连接及非法再连接服务;

(4)不精确计量及窜改连接;

(5)读数错误、有缺陷的发票及投机者的寻租行为。

而有裂缝的水管、服务性连接违规装配、溢流等则主要导致贮水箱
到泵站的技术性缺损。虽然目前还没有可靠信息证明,但达卡水务局
的系统性损失已达 45% ~50%(世界银行,1996)。

2.2.2 缺乏商业定位

达卡水务局和吉大港水务局均存在商业定位和责任不足、管理系

统贫乏、缺乏具备良好训练并且有动力的员工(世界银行,1996)等问题。不良的广告及筹款活动、高比例的不明用水、大额应收账款、欠款都是缺乏责任的典型表现。而管理层缺乏管理和运作这些机构的技术与经验,没有明确的机构运营目标(世界银行,1996)。达卡水务局的员工主要是以工程为中心,技术人员具备应有的能力,但商业和会计部门的员工,特别是收入和测算的审查人员能力不足。再加上达卡水务局需负责达卡市暴雨排水系统的运营和维护,却没有配备这方面的技术人员。

如1996年1月,达卡水务局为每1 000个连接处配备了20个员工,从多数标准来讲这都是一个很高的水平。但另一方面,人事费用与操作费用的比值是衡量员工效率一个很好的标准,达卡水务局的这个比值在15%左右,大大低于其他发展中国家或者发达国家。

2.2.3　资金筹措

从当地基金中获得的资金远远不够用于支持供水需要,即使是已计入预算的政府配套资金。由于存在很多方面的需求竞争,不能保证资金在需要时就能马上获得,这就导致了工程实施的拖延、收费不足、收入征收不到位等问题。而且区域机构中达卡水务局和吉大港水务局普遍存在大量的系统损失,这些都严重阻碍了利用充足的内部资源来为供水和公共卫生筹资。在自治区中,收入完全不足以支付开发和运营的支出。1986年,一份关于42个行政区的报告分析表明,相关的平均收入只能涵盖29%的同期支出,而通过多国资源获得的外国援助投资约占80%。

2.2.4　部门管理

总体来说,部门管理的特征就是政府进行控制并干预部门实体的策划和实施。虽然达卡水务局和吉大港水务局在理论上是自治的,但大多数的管理决策,包括价格制定与调整、员工和投资决策都须通过地方政府部门、乡村发展与合作司(MLGRDC)而被政府所控制。因而,各个地方水务局从来都没有真正实现商业或管理上的自治,这也是严重影响其绩效表现的因素之一。

2.2.5　规划能力不足

区域性机构在执行投资项目时需要一定的自有资金和融资能力，如果没有考虑这些因素而设定过于乐观和雄心勃勃的目标，就将对该区域的发展产生负面影响。而区域的发展规划都是以一个接一个的工程项目延续为基础的，并没有一个整体指导框架。另外，缺乏明确操作、项目缺乏维护、资金缺乏均破坏了既定投资的可持续性。

2.2.6　用水和排污定价

达卡水务局对于注册和非注册消费者有着不同的价格表。本地居民的注册价(对于大约76%的顾客)是4.13塔卡(0.084美元)/m³，而对于商业和工业用途的水为13.39塔卡(0.27美元)/m³。对于其他的非注册用户则是以连接结点处提供的财产估价为基础的，不管他们用了多少水。我们相信这些非注册用水量远远大于达卡水务局的估算值。污水收费是所有用水和下水道排污处理费的100%。

达卡水务局的价目表如今是由政府监管，它并未反映出达卡水务局的成本结构，也没有根据达卡水务局的经济需求变化来设计。过去，价目表呈现出不规则性的上调，一直到现在仍在上调，导致价格水平高于南亚标准，但达卡水务局还是未能完全弥补它的全部成本。价目表之所以没有很好地反映提供给客户的服务成本，有如下几个原因：

(1)有关当局所调查的经济信号有误，进而将非效率和扭曲效应(如系统损失)传递给了顾客；

(2)在是否应该有交叉补助或这种补助的使用问题上，当局没有进行充分的引导；

(3)未对小范围、大规模、本地或者商业消费者所对应的收费给出充分的说明；

(4)未能反映一些问题(如治理供水污染的成本)，以及这些问题如何从收费中体现；

(5)当局不思进取，鼓励了挥霍用水，尤其是高收入和非注册用户的用水。

2.2.7　管制的非强制性

水资源，尤其是饮用水的污染，表现出多种形态，包括最近被检测到但并未能完全得到解释的砷污染,以及制革厂、酿酒厂、浆纸厂、纺织品染色和其他化学工业排放的污水。其他的工业污染点都在吉大港的卡拉普里(Karnaphulli)河和库尔纳的普斯尔(Pussur)河。在未来的几十年中,随着都市化爆炸式的增长,这些未经处理的污染将成为水污染和威胁人类健康的主要来源。虽然环境部(DOE)已经公布了污染排放物的标准,但这些管制在很大程度上并没有强制性。1995年的环境保护法案赋予了环境部更大的权力来执行反污染法,但执行力度至今未见成效,所以环境部应该加大力度防止这些拥挤城市的环境恶化。

2.2.8　部门改革

人们已经认识到,如果想要提高达卡水务局的办事效率,就必须调整人员编制结构,将员工的责任提升到合理水平,并引入激励机制,以员工的绩效、表现为衡量标准,还要通过适当的培训提高他们的技能。可以从以下几个方面着手提高员工的能力:

(1)从私营区中委派一个经验丰富的经理和恰当的技术型副经理领导关键的部门,如商业部、财务部、水加工、分配和管理部门,并制定可测性目标来衡量他们的表现。这样,就完成了总经理的委任工作。

(2)提供技术支持,帮助达卡水务局改善管理层结构,提高其技术水平,以促进其运作效率。

(3)用员工理论性鉴定项目评估员工的优劣势,确保在员工短缺的地区进行员工重新调整。

(4)广泛开展项目培训,并将重点放在供水事业的商业化运营方面。

我们期待在改革项目执行后达卡水务局的绩效将有较大的提高。

2.3　发展中国家城市水资源管理的问题及建议

2.3.1　水资源的可利用性

世界上很多国家通常把地下水看做是一种可以直接获得的水源。由于需求的增加,许多地区过度开发其地下水资源,造成了含水层永久性耗竭,进而引发了诸如土地生存条件和水质恶化等环境问题。在类似达卡这类大城市,每年雨季降雨对地下水的补充并不足以补充人们

对地下水的抽取,结果,地下水的挖掘深度正以每年 1 m 以上的速度在
增加。

曼谷地区的例子体现了目前的大趋势——大规模开采地下水造成
了不利的环境问题,诸如势位差持续下降、土地肥力减退及地下水由于
咸水的侵入水质恶化等,许多互相联系的潜在问题,诸如洪水、居民财
产及生命损失、基础设施的严重退化、地下水污染和健康危害等都归因
于极度的地下水抽取和土地肥力减退效应。到 1983 年,控制地下水抽
取的纠偏措施使得土地肥力减退速度有所减缓。

2.3.2　整体供水的管理

在许多发展中国家,整体供水的矛盾已经成为或很可能在将来成
为一个关键问题,这使得未来供水项目的策划变得更加困难。大批量
用水的质量越来越受到城市发展和污染的威胁。不管是以举债的方式
还是通过私人股权投资形式,供水公司的筹资都很可能障碍重重,因为
这些公司的供水质量和数量具有不确定性。由于供水短缺以及河岸较
低的城市地区洪水问题依赖于上游地区的发展,为了解决未来的城市
水资源管理问题,必须对整个江河流域进行研究。

2.3.3　适当的水资源战略计划

一方面,许多发展中国家都在积极策划其供水控制问题,而这些均
受到工程项目推动的影响,其焦点集中在技术问题上。另一方面,许多
策划实际上都是在没有设立相关机构的条件下起草的,在定价、所有权
问题和激励机制方面都存在着问题。于是,往往因为信息错误而未能
达到基本的技术目标。有人强烈要求用城市供水的战略性规划取代传
统的控制计划。战略性规划必须涵盖充分的供需分析、解决定价和所
有权问题、关注对于大批量供水和公司基本规范的安排以及私人投资
及其管理。虽然在一些发展中国家直接采用公共—私人合伙制的形式
有积极的一面,但以国家特许为基础的定价政策仍应是最优的改革形
式。

2.3.4　定价政策

水资源价目表的编制在某种意义上是要保证城市供水设施的承受
力和商业生存价值。现今价目表结构的某些限制因素在于:

（1）城市用水单价与其成本相比定价太低。

（2）管网建设费用太高,进而阻碍了新管网的建设,在居民区中这一问题尤其突出。

（3）不必要的大量价目分类,使得许多供水公司的定价结构过于复杂。

（4）由于成本上升和在一定时间内大幅涨价带来的不确定性,两三年一次的阶段性价目表调整并不能满足实际需求,在这种情况下有必要提高调整的频率,使价目调整更加温和、渐进。

供水关系的新定价结构可能被采纳,即以商业利润为基础编制的价目表。这样价目表的价目结构差异不大,且使所有顾客都适用于同样价目,并给贫困的消费者提供一定数量的补助。同时,有必要明确管制和考察过程,以保证投资者和消费者都认为最后结果是合理满意的。最后,制定价目的程序和审查必须由供水公司或私人实体与政府在合约上明确达成一致。

2.3.5　水的计量缺损

大城市中经常出现水的计量缺损或未纳税水资源的情况,这是都市化和供水问题的典型案例。在亚洲城市地区,水的计量缺损所占比例通常为 50% ~70% (Porter,1996),这种供水并未计入销售中。如果某个家庭的供水系统出现了一个以 1 L/min 速度漏水的漏洞,而其家人未发现该漏洞,那么该用户的月用水账单上的费用将增加一倍。如果某个家庭中的马桶连续放了三天水,其账单上的费用也会加倍。一个家庭中马桶冲水两天(这在发展中国家并不罕见)就意味着这个家庭浪费了 28 m³ 的水,该数量甚至大于一个五口之家通常的月用水量。

供水部门、事业单位过去将这种情况看做是工程或技术问题,并与私人公司签订协议以降低这些未计量的用水量。比如说,许多国家出于经济上的目的,会委托私人公司来寻找技术和经济两方面的损失来源,进行这些水资源浪费的统计。研究指出,这些激励机制产生了许多好处。然而,在私人组织无权过问的部分,如大批量供水、零售的权利等方面,这些有利的措施在监管、分析、降低水资源浪费的项目完成之后都只能维持很短的时间。

世界银行指出,在像马尼拉一类的城市中,水的计量缺损治理工作成果可喜,但到项目一结束,情况就发生了逆转(波特,1996)。据对这些项目失败原因的初步分析,资金不足、管理不善、经营与维护不佳和测量不精确等都是毋庸置疑的重要原因,但都并非根本原因。进行机构改革,授予它们供水所有权并允许商业化定价,可以激励降低水的计量缺损。不能将水的计量缺损看做一个应由专家顾问来解决的技术问题,因为在一个竞争经济中,如果无法控制其产量,这个交易将无法生存。如果不将水资源的损失计入收入损失中,供水程序也将无法进行下去。

2.3.6　制度安排

除非是在极其干旱的局面下(如马尼拉和曼谷目前的状况),我们一般很少涉及大量水资源的短缺,常常面临家庭用水缺乏的问题。实际上,建立合适的全新体制结构所需的专业知识和管理方案才是真正缺乏的东西。在一些加强体制建设的援助方案中,比如在由亚洲开发银行(ADB)和世界银行出资的技术援助方案基金支持下,许多技术总体规划的尝试正在开展,但反映出有效的体制结构和相关的定价改革在实施中存在着巨大的障碍。

机构结构至关重要。一个有力证明就是:在一些国家,如新加坡和以色列,每人每年可获水资源只是许多发展中国家的一小部分。发展中国家的人均年供水从 1 500 m^3 到 4 300 m^3 不等,与之形成鲜明的对比,以色列 370 m^3、新加坡 220 m^3。在亚洲大多数发展中国家,水需求不到可更新水资源的 20%,但是在泰国、中国、印度、巴基斯坦和中亚的一些国家地区,其需求的期望值是相当大的。这些地方性的问题,例如过度使用地下蓄水层造成局部水短缺,实际上并非是基本水资源短缺的问题,而反映出有效输送、安排便利的水路布局、可交易的授权等方面的不足。

另一个主要的机构化供水(水质)问题在于没有让交易排放权充分进入交易。水质污染问题使应成为大批量供水的主要水资源受到了污染,并且经常达不到质量要求。这在很多生物学上死亡的河流中十分常见,如马尼拉、上海、雅加达、曼谷和达卡地区的河流。在水资源总量满足需要后,水质控制的失误已将潜在的供水问题转化成了人口问题,而且某些环境恶化局面很难扭转。

2.4 供水及公共卫生事业中的私有化

引入私人参与战略有很多明显的优势,这将促进节约供水,并保证对客户的服务质量,支持发展中国家的经济及国有企业的发展。更广泛的私有化满足了用水需求增长的要求,而且私人投资不仅是新投资资金的重要来源,还带来了现在所缺的管理专家及相关技术。

城市供水系统中私有化的例子很多。1989 年 12 月,英国 10 个公共供水及排水系统当局的职责被转交到私人手中,并改制为公共有限公司,成为供排水的供应商。私有化后,公司实施了严格且精心安排的管理。由国务卿负责本国水质问题,国家河流当局管理水路及其污染问题,供水服务的管理单位负责处理费用问题。现在,在美国、澳大利亚、马来西亚、菲律宾和许多国家流行的模式风格各异,模式中私人成分承诺提供既定数量和质量的水给国有零售供水公司,并由私人公司出资进行必要的投资。这种建设—操作—传递的安排便于管理,因为这并未将私人公司卷入到零售供水分配系统的细节建设中,也不包含私人公司更换广告或供水公共事业的收费过程,然而,其不足在于,这样就无法实现私人公司进入零售系统所能创造的巨大效率收益。

在法国的几千个社区和非洲一些说法语的国家(如象牙海岸、几内亚)、墨西哥和布宜诺斯艾利斯、阿根廷的指定区域中,很多特许经营的供水公司对所有客户进行专卖,而这些公司都使用(或租用)市政府所有的供水资本。法国模式的一个特征就是私人成分充分参与,但所有权归政府所有。在很多情况下,新的投资由服务供应商承担,但这些资金又会通过他们的提价转嫁到消费者身上,并最终传递给公共部门。

2.5 案例分析

2.5.1 达卡的供水

达卡拥有 800 万的人口,对供水商来说这是一个巨大的挑战。达卡水务局（DWASA）每天使用 239 根深管井和一个有着百年历史的地表处理设备，处理并供应 9 亿 L 的水。然而这也只能满足 60% 的城市用水，随着城市人口迅速扩大，供水不足的矛盾也在激化。由于传输管网的问题，间歇性的供水、泄漏、盗水和浪费使得供水短缺的问题雪上加霜。大约 300 万人的非正式居民由于得不到达卡水务局的服务，必须自己解决用水问题。很多地方的普遍做法就是将受污染河流里的水煮沸使用。

这个残酷的事实使人们想出了一个极其简单而有效率的办法。Tiash 供水公司每天为达卡旧城区的约 1 500 个消费者供应 9 000 L 可饮用水，他们用一种很耐用的塑料容器（4～12 L）贮水后供给顾客。运送的人员用人力车或者步行的方式每天早上穿梭于狭窄而蜿蜒的小巷，在每个商店存放一定量的水。完全私营的 Tiash 公司以十分有竞争力的价格将生产的水出售给每个家庭和公司，对于现在持续增长的需求，公司已经难以应付。虽然 Tiash 公司的价格比达卡水务局的收费要贵，但比起瓶装矿泉水，人们显然更愿意接受 Tiash 公司的价格。

由此引发了一个不可回避的问题：这种创新举措是否应该被发展成为主流，来保证更适合于供水和公共卫生的供应，发展中国家是否应该考虑引进这样的激励机制，即将劳动力战略性地分配到公共部门和私人公司之间，以促进效率、增加消费者福利，并最终能为穷人提供服务（Haider 等，1998）。

2.5.2　达卡违章住户的供水

这个项目是由孟加拉国的一个非政府组织——Dushtha Shasthya Kendra（DSK）发起的。达卡水务局负责策划，并调解违章住户社区与正规供水机构之间供水项目的执行（Haider 等，1998）。现行法律及其程序规定，没有土地所有权的社区不能享受供水和公共卫生服务，这使得调解变得格外困难。机构拒绝向城市贫民窟和违章住户提供服务的行为助长了非正规的水市，所以服务供应商可以发现，这里消费者所支付的都是不受管制的水价。为此，达卡水务局没收了这些非法营利者的非法收入和利润。随着工程的进展和非政府组织（DSK）的调解，一些无法获得安全用水的人们得到了可靠的供水服务（Matin，1999）。

2.5.3　智利的经验

EMOS, S. A. 是一个采用私营方式的商业合作公共企业(Alfaro, 1997)。EMOS 公司为智利大都市(圣地亚哥和周边地区)约 500 万人口处理并输送饮用水。该公司也从 550 万人口和其他公司收集废水并集中到 EMOS 公司的排水系统中。智利现今的法律规定,供水和公共卫生公司可以拥有特许经营权,或是在某个地域进行"道义服务"的权利,即在这个地域内为所有住房开发商修建的公共管网进行服务。

为了使这些工作顺利开展,价目表每五年就要修订一次,来弥补资本及公司正常运行和维护的成本,确保这些公司有效率地运行,而他们的投资计划是至少再为顾客提供 15 年的优质服务。所谓优质服务是指一年中每天 24 小时不间断服务,且保证 15 m 高处用水的足够压力,物理、化学和杀菌标准都与智利标准一致。在排水系统方面,优质服务也意味着每年每天 24 小时不间断服务。

在智利,供水和公共卫生服务是由房产开发商修建的公共管网支持的。在这些管网建成后,公共事业部门需对其运营、维护和扩建负责。管网的成本没有计入以价目表制定为目的的公共事业投资计划中,然而,运营和维护成本被计入了价目表中,而且根据需要进行补充,折旧部分也被计入其中。对于非正规住户或非正规搭建房屋地区,主要的公共基础设施可以供应,但供水和排水管网系统没有保障。

对于非正规住户,EMOS 公司承担总费用的 1/3 来修建管网,并由市政府拨款 1/3,周边居民和社区组织承担剩余的 1/3。居民和社区承担的 1/3 费用可以以分期付款的方式从消费者的账单里扣除。成本—收益分析显示,EMOS 公司即使出资 1/3 也没有损失,因为它因此得到了新的客户,主要基础设施得到完全的利用,系统也未超负荷运营。

价目表必须做到公开,即价目表必须体现出公共事业的效率,公司不能把他们的非效率传递给顾客。尽管 1990 ~ 1994 年效益实现了 70% 的增长,EMOS 公司的价格水平仍然处于比较低的水平。1994 年,水费约为 0.23 美元/m³,排水的价格为 0.15 美元/m³,EMOS 公司的利润达到 0.16 美元/m³,这使得该公司有能力进行其他项目投资。EMOS 公司对每户每月的平均收费为 8 美元,这还不到低收入地区家庭月均收入的 3%。

水资源是一种日渐稀缺的资源,社区的人们都必须学会如何节约用水,但这并不意味着"储蓄用水",因为这样会导致不卫生的做法,社区的人们需要学会如何合理运用排水系统。目前,很多排水系统都被用做废水"储蓄所",堵塞或破裂导致的高额修理费用经常发生。于是,EMOS 公司组织了水资源保护、需求管理及大宗顾客方面的课程,并定期在水管维修车间为贫困地区的妇女提供培训。

尽管价格和需求管理都合理化了,有些家庭仍然付不起水费账单,市政府会为这些付不起水费和公共卫生费用的贫困家庭支付一定的补助费。这就意味着中央政府每月为一些符合法规的消费者付账,规定供水公司必须给予这些在政府登记过的消费者每月前 20 m³(一个家庭的正常用水量)用水水费 50%~85% 的折扣,而中央政府在收到给这些合格客户的折扣发票后,再用专款支付给公司。

1995 年,EMOS 公司对顾客水费的补贴约为 400 万美元,约占公司 15 000 万美元总值的 2.5%。而 1995 年,中央政府拨给地方政府用于供水和公共卫生目标的补助总额达 2 300 万美元,占国家 GNP 的 0.04%,全部用于解决由于缺少合适的用水和公共卫生设施导致的健康问题。

2.6　结论

就目前的趋势来看,大多数发展中国家的都市化都是不可回避的,而且很可能产生巨大的负面影响。许多发展中国家的城市人口不能享受到供水和公共卫生服务,供水和公共卫生服务在这些国家中的发展状况令人担忧。水的计量缺损往往占到 50%~70%,服务组织也存在缺乏商业定位、缺乏责任感、管理系统不完善和缺乏有素质有活力的员工等问题。区域管理的总体特征就是政府控制并干预区域内的策划与运作,价目制定较低,价目受政府管制并体现不出成本结构。

现在大家提倡采用城市水资源设施的战略规划取代传统的领导计划,而战略规划就必须充分考虑供求分析、考虑定价和所有权问题,注意公司整体供水的管理安排以及私人投资及管理。价目表的制定必须满足城市供水和公共卫生事业单位的利益并使其具有商业生存力。同时,积极引进知识和管理方面的专家,设计并实施新的合适的机构结构。

　　私有化的战略具有明显的优势,这将促进供水项目发展并保证对客户的服务质量,进而支持发展中国家的经济及国有企业的发展。更为广泛的私有化成为适合用水需求增长的重要要求。私有化不仅是新投资资金的重要来源,同时也带来了现在所不具备的管理专家和技术。

参考文献

Alfaro R. 1997a. Institutional Development of the Urban Water and Sanitation Sector in Chile, Working Paper Series, UNDP – WORLD BANK Water and Sanitation Program (Washington DC, World Bank).

Alfaro R. 1997b. Linkages between Municipalities and Utilities: An Experience in Overcoming Urban Poverty, Working Paper Series, UNDP – World Bank Water and Sanitation Program(Washington DC, World Bank).

Dhaka Water and Sewerage Authority . 1998. Annual Report, 1997 – 1998 (Dhaka, DWASA).

Haider I, Rashid H & Minnatullah K M. 1998. Water Vending in Old Dhaka, Balancing Inequities and Making Profits, Field Note, UNDP – World Bank Water and Sanitation Program – South Asia(Dhaka, Bangladesh, UNDP – World Bank).

Matin N. 1999. Social Inter – Mediation: Towards Gaining Access to Water for Squatter Communities in Dhaka, UNDP – World Bank Water and Sanitation Program – South Asia, Swiss Agency for Development and Co – operation, WaterAid and Dushtha Shasthya Kendra, Dhaka, Bangladesh(Washington DC, World Bank).

Porter M G. 1996. The urbanization context, in: Towards Effective Water Policy in the Asian and Pacific Region, Proceedings of the Regional Consultation Workshop, Vol. 3 (Manila, Philippines, Asian Development Bank).

United Nations. 1995. World Urbanization Prospects: 1994 Revision(New York, UN).

World Bank. 1996. Fourth Dhaka Water Supply Project, Staff Appraisal Report(Washington DC, World Bank).

第 3 章　私有制供排水系统的公有化转变

（EMANUELE LOBINA & DAVID HALL 著）

　　1992 年都柏林国际水会议之后，发展中国家开始将水管理视为一种商品以应对城市水管理的挑战（Nickson，1996）。这种新方法的发展和私有制经济的参与是紧密结合的。例如，世界银行在推广私有化上显得尤其活跃（Nickson，1998）。因此，跨国公司获得了扩张的绝好机会。

　　然而，来自私有制经济的投资并不意味着私有制公司需要直接参与到管理过程中来。私有制公司在城市供水上的介入通常会与公众利益相冲突，这种情况在发展中国家尤其突出。公有制企业（POEs）的效率也不总是比私有制公司低（Hall，1998b）。

　　本章提出了用公共部门来替代私有公司以提供供排水服务的想法。对私有公司和公有企业进行了比较，后者成功地取得了效率和社会效益之间的平衡。总的来说，公有企业效率不如私有公司，然而却能长远地考虑公众利益。

　　以下希望通过一些案例分析来增进对该问题的了解。3.1 节主要列举了中欧、东欧以及拉丁美洲私有制例子来说明私有化带来的社会和经济影响；3.2 节回顾了公有制公司的成功例子，这些公司规模从小到大，主要来自西欧，也有的来自中欧、东欧和拉丁美洲。

　　这里所指的私有化（Privatization）不仅仅意味着供排水所有权的买卖，更重要的是意味着将管理也授权给了私有公司。公有制企业（Publicly owned enterprises，POEs）被定义为完全或主要为中央、地区或地方政府所有的，拥有其独立收支账目的经济实体。这就包含了多种形式的公司，其中有国内贸易公司、行政公司、公共部门控股的联合股份公司。联合协作管理也可以作为私有制的替代方案。

3.1　私有制公司参与供排水系统

3.1.1　私有化带来的经济和社会影响

一般来说,私有化应该会推动投资,提高经济效率(Nickson, 1996)。但实际上供排水系统的私有化却已经显露出私有制经济上的弊端和垄断的特征。

3.1.1.1　管理低效

私有制公司的管理并不是总保持高效,这点可以由以下两个例子说明:

(1)特立尼达和多巴哥。1994 年,特立尼达和多巴哥政府决定将该国水利机构水务局(WASA)的管理授权给 Severn Trent 旗下的一个子公司[1]。而到了 1997 年,该国的供水保证率和排水管网覆盖率却没有显著的提高(见表 3.1)。1999 年 4 月,这份合约被中止[2]。

表 3.1　特立尼达和多巴哥水务局 1995 ~ 1998 年的情况

统计资料	接受全天供水服务的人口(%)	排水服务覆盖人口(%)	估计的泄漏(n = 泄漏的数量)
1997[a]	<30.0	30.0	<45.0(%)(水量流失)
1995[b]	28.0	30.0	4 000 万 m^3 < n < 4 800 万 m^3

注:统计资料摘自注 1、注 2。

(2)波多黎各。1995 年,波多黎各输水管网机构(PRASA)的管理权授给了 PSG 公司。该公司后来更名为 Compania de Aguas,是 Generale des Eaux(现在是威望迪,Vivendi)的一个子公司。由于在维护和修理管网时出现诸多问题,这份合约在 1999 年 8 月被一份国家审计局发布的报告所批评。另外,输水管网机构(PRASA)的赤字增加到了24 110万美元,在服务质量上却没有取得任何令人瞩目的进步[3]。

3.1.1.2　腐败和限制竞争

私有制公司往往容易发生相互串通的情况,而且通过一系列措施来限制竞争以保证其垄断地位[4]。

(1)法国。法国境内水利私有化是由三家大型私有企业主导的,它们是威望迪（Vivendi）、苏伊士里昂水务集团（Suez - Lyonnaise des Eaux）和布伊格公司（SAUR/Bouygues）[5]。一份1997年由法国国家审计部门（Cour des Comptes）发表的报告指出：通过反复协商进行有组织的竞争或避免竞争导致了高度的垄断。报告同时指出这套系统是如何滋生贪污受贿的（Cour des Comptes, 1997）。

（2）科特迪瓦。SAUR/Bouygues的一家子公司开始仅负责对首都阿比让市的供水。1987年，在没有公开招标的情况下，该公司获得了全国范围内的授权（Nickson, 1996）。

（3）印度尼西亚。1997年，雅加达的供水权授给两家公司，即泰晤士水务公司和里昂水务公司，两者均为总统苏哈托的合作伙伴。苏哈托政府瓦解之后，仍然是在没有公开招标的情况下，两家公司与市政当局协商取得了新的授权。根据印度尼西亚的法律，这两份授权被法院宣布无效（Hall, 1999）[6]。

关于腐败的详细案例，请参见 Hall（1999）。

3.1.1.3　高额定价和受限的取水途径

水利机构管理私有化后，消费者普遍感觉到水价上涨了。在英国，由于付不起水费而被断水的人数从1991年到1992年增加了200%（Martin, 1993）。法国国家审计报告认为，私有化是价格上涨的主要因素（Cour des Comptes, 1997）。其他的例子还有：

（1）匈牙利。1998年，即匈牙利实施私有制转变一年之后，布达佩斯的水价上涨到了1994年的1.75倍。有人担心大部分的人将无力支付水费[7]。

（2）捷克共和国。Vak Jizni Cechy 是英国水处理国际公司（Anglican Water）的一个子公司，1994~1997年水价提高了100.7%，几乎是全国平均水平的2倍。1999年，水价又上涨了39.8%，每户的污水处理费增加了66.6%，远高于该国其他地区的价格（Ruzička, 1999）。

（3）菲律宾。1998年5月，因为用户拒绝支付被认为是"荒谬"的水费，一家来自台湾的投资商威胁称其将撤出苏碧湾。Subic Water 是英资百沃特文利公司（Biwater）的一家子公司，将企业用户的水价由6比索/m³（比索，Peso，菲律宾货币单位）上涨到了32.26比索/m³，上涨了 400% ,预计在 1999 年 4 月之前,还将上涨到 39 比索/m[38]。

3.1.1.4　高额利润和低水质

对利润的追求会导致成本的削减进而会影响到质量。

(1)英国水公司。1996 年,英国约克郡 PLC 公司采取的奖励政策使得该公司在满足供水保证率和管道维护方面遇到了极大的问题[9]。同样的,1995 年,North West Water 公司更倾向于将公司收入用于增加股东分红而不是投资在必要的基建设施上[10]。

(2)阿根廷。1995 年,Generale des Eaux 的一家子公司 Aguas del Aconquija 得到了为图库曼省供水 30 年的授权。虽然之后的水费增加了一倍,该公司依然没能完成投资计划[11]。

Aguas Argentinas 是负责布宜诺斯艾利斯地区供水的私有公司,由于无法在贫穷地区收取其新铺设的管道费用,该公司将面临 6 000 万美元的亏损。为了填补这项亏空,公司每两个月向所有用户收取额外的 2 ~ 4 美元。用户对这项收费的合法性表示怀疑[12]。

3.1.2　私有化带来的财政混乱

私有制本应提高工作效率,然而,一系列的例子表明私有化会带来财政上的混乱。有时是由于选择国际机构的多样性,有时是由于公共部门以水利部门的财政代价来增加自身的财政收入。

3.1.2.1　国际金融机构和对私有制参与的推动作用

一般而言,由国际货币基金组织和世界银行监督下的结构调整计划更倾向于基建设施的私有化转变(Paddon, 1998)。其他地区性组织,如欧洲复兴发展银行(EBRD)同样也推崇私有化。下面的例子表明了这种对私有化的支持是如何引起混乱的。

在玻利维亚,世界银行一直支持玻利维亚政府向私有制企业寻求供排水项目的投资。1997 年 12 月,政府拒绝为 SAGUAPAC 公司向世界银行贷款 2 500 万美元作担保,尽管该公司拥有良好的信贷信用。现在,世界银行为玻利维亚的水利合作私有化提供技术支持(Nickson, 1998)。

在匈牙利,欧洲复兴发展银行预计会向威望迪/Berliner 财团提供一项贷款以帮助后者进行布达佩斯市政污水处理公司(FCSM)私有化的进程。2 270 万欧元的计划似乎是为了这两个外国投资者减少投资而设计的。这些虽然会改善公司在财务上的表现,却无助于帮助 FC-SM 公司的实际工作[13]。贷款计划的另一个目标是"减缓对私有化参与的政治压力"(EBRD,1999a)[14]。

3.1.2.2　公共预算和选择私有制

政府和地方部门在决定将水部门私有化时,财政因素是主要原因。来自私有制公司的收入可以作为税收的新来源,这会影响招标的正确评估,私有化的优点也无法体现。法国某些地方政府会向要求授权的单位收取名为"报名费"的费用,得到投标的公司就会标高水价以支付这些费用[15]。相似的是,在西班牙,得到授权的公司每年需要向政府支付租金,这笔钱通常来自于提高的水价。下面举例说明不同形式的税目是如何影响消费者权益的。

1997 年,匈牙利布达佩斯市政当局接受了 Lyonnaise des Eaux and RWE 集团的竞标,尽管另一家公司的竞标从技术角度看更为合理,而且有望降低 10% 的水价,但因 Lyonnaise – RWE 集团向当局支付了额外的 30 亿福林(匈牙利旧货币单位)就赢得了竞标(Hall,1998b)。

3.2　供排水系统的公有化策略

该节列举了一些公有企业和合作制公司参与供排水管理的例子。出人意料的是,公有制企业在公共服务上取得了令人满意的进步,在发展中国家和发达国家均是如此。

3.2.1　发达国家的公有制企业

在欧盟国家里,一直有将水利工作由行政管理形式向法人机构形式转变的趋势(Hall,1998a)。

3.2.1.1　瑞典市政模式

瑞典的水利事业大多由市政性的公司运营,其中有的是公有有限公司[16],Stockolm Vatten AB 便是其中杰出的代表。瑞典的水利公司以其低廉的经营成本和抵制高额利润的良好形象而著称。1992 年,瑞典的平均水价为 4.4 法国法郎/m³,法国则是 5.8 法国法郎/m³(Barraque,1995)。1995 年,ITT 咨询机构对比了同等规模的瑞典和英国城市的供水情况。如表 3.2 所示,研究表明,瑞典的公有企业水成本相比于其英国同行要低许多。另外,瑞典公司的平均资本回报较为乐观,能够收回成本,不过总额却只有英国的 1/3(Hall,1998b)。

表 3.2 瑞典和英国城市水成本对比

公司	所有制	用户成本	运行成本	资本保全	资本收益
Stockholm	M	0.28	0.17	0.03	0.09
Manchester	P	0.91	0.40	0.20	0.31
Bristol	P	0.83	0.48	0.19	0.15
Gothenburg	M	0.38	0.11	0.05	0.21
Kirklees	P	0.99	0.52	0.31	0.15
Hartlepool	P	0.73	0.35	0.08	0.29
Helsingborg	M	0.42	0.42	0.05	− 0.05
Waverley	P	0.82	0.48	0.22	0.12
Wrexam	P	1.25	0.57	0.35	0.32
Swedish average		0.36	0.23	0.04	0.08
British average		0.93	0.48	0.20	0.23

注:M = 公有制,P = 私有制;单位:美元/m^3,按购买力平价计算。该表数据摘自:ITT；Hall (1998b)。

表 3.2 显示,1995 年 Stockholm Vatten AB 的表现比瑞典平均水平要好,甚至要好过英国的公司。该公司近年来取得的其他成就也同样令人瞩目,同时也值得思考。1995 年,公司进行了一次基于提高运行效率和长期可持续性发展的重组(Stockholm Vatten ,1998)。为达到以上两个目标,采取了成本回复方法以达到利润最大化[17],公司可以释放必要的资源来加强供水和废水处理服务的质量并改善公司的环境影响(Stockholm Vatten,1998)。公司财政上的变通性是建立在运行稳定性上的,这应该是供排水系统的一般特点(Stockholm Vatten,1998)。

对社区供水的质量是十分重要的。自 1994 年以来,输水管道的泄漏就一直在减少。1997 年,在 2 200 km 的管道上共发现了 400 处泄漏,1 年之后泄漏处减为 364 处(Stockholm Vatten,1998)。由欧盟饮用水指导委员会 1998 年 11 月 3 日制定的所有水质要求都"以令人接受的代价达到了"(Stockholm Vatten,1998),污水处理到即使泄漏也不会对环境造成太大影响的程度。1998 年,污水处理厂的淤泥被应用于耕地之上,符合了"国际上十分严格的"瑞典要求(Stockholm Vatten,1998)。由于生态事业的发展和致力于控制环境有害物质的扩散,斯德哥尔摩半岛的条件在不断改善(Stockholm Vatten,1998)。

表 3.3　Stockholm Vatten AB 的财政基础　　(单位:百万瑞典克朗)

项目	1998	1997	1996	1995
成交净额	976	1001	937	891
经营结果	196	152	218	227
财务费用结果	1	−47	47	48
自身融资比例	53%	31%	47%	51%

注:数据摘自:Stockholm Vatten AB(1998)。

从瑞典市政模式可以看出,公有制不仅考虑到了社会和环境影响,在财政和经济上也是可行的。

3.2.1.2　荷兰公有制水利企业

荷兰的 25 个水利公司基本上都是公有有限公司,由政府部门或地方政府机构持股。历史上,这些公司的规模不断扩大是垄断的结果,目的在于扩大经济规模和提高运行效率(Dane & Warner,1999)。总体来说服务水平似乎不错,水质较好而且价格能够令人接受(1.26美元/m^3),随着进一步的垄断,水价甚至还可以更低。荷兰水工业其他令人称道的指标还包括水量的低流失率和员工的高效率。另外,荷兰水公司在检测有害物质和减少污染方面也极为成功(Schwartz & Roosma,1999)。

荷兰水公司的表现与其公有有限公司的结构框架有关。公司的管理层享有高度的自治权,但同时也对公司财政损失负责。消费者代表关于消费者利益的意见保证了指导工作过程的高透明度。采用了基于成本的定价原则,而且没有导致高额利润,这是由于政府股东对于投资回报不感兴趣或者限制支付红利(Blokland & Schwartz, 1999)。依靠金融市场并没有削弱公有制企业的投资能力。水利公司的信用是建立在稳定的商业表现上的(Braadbaart et al., 1999a)。

3.2.1.3　德国的市政水公司

德国的供排水系统由上千家市政当局公司运营。经过市政当局长时间的管理改革,企业的数量由 1957 年的 15 000 家减少到 1987 年的 6 500 家,这依然是一个庞大的数字(Barraque, 1995)。1996 年,公有制公司的供水服务覆盖了全国 80% 的人口(Hall, 1998b)。这些公司的形式不尽相同,从直接的公有形式到公有有限公司(Bolton, 1995)。

一般而言,高额成本意味着多级劳工体系以及高标准的环境和服务。世界银行估计,对于像德国系统这样的零散系统进行区域水平上的重组能够使当前成本减少50% ~ 70%。值得指出的是,东德的水工业是建立在全国基础上的,只是后来由于政治原因采用了将权力分散下放到地方的方式 (Hall, 1998b)。

从德国水工业的例子依然可以看出,虽然公有制公司财政上的可行性被质疑,对部门的重组依然可以提高效率,而且不会对实现社会和环境目标造成阻碍。欧盟国家的成功例子可以为中欧和东欧及拉丁美洲国家所借鉴,毕竟这种经验在其他发展中国家更易于推广。

3.2.2　中欧和东欧公有制企业的成功范例

下面的两个例子旨在说明即使不是在西欧这样的富裕地区,公有企业在追求社会效益上也具有财政和技术上的可行性。

3.2.2.1　匈牙利市政公司

德布勒森(Debrecen)市有 22 万常住人口,位于匈牙利最东面,是该国最大的城市之一。1992 年,以前由政府掌控的供排水系统被新建立的各级市政组织掌控。供排水系统的私有化计划一直不被接受,1995 年,当地政府部门按照减小社会成本的原则采取了一项公有化方案。市政性的 Devbeceni Vizmu 公司成功地获得了长期投资计划所需要的资源。从运行效率和效果来说,公司的整体表现是令人满意的,而且也能够完成更多的社会目标。

1993 年底,市政当局当权的保守派决定将供排水系统出售给私有公司,这引来了众多的投标者。一开始,Generale des Eaux 赢得了竞标。不过 Eurawasser,Lyonnaise des Eauz 和 Tyssen 的一家联合子公司,开始了一系列的游说活动以期改变这项决定。1994 年 8 月,他们的努力得到了回报。市政当局的一次特别会议以未被大多数人通过为由否决了对 Generale des Eaux 的授权,Eurawasser 公司获得了新的授权。Eurawasser 公司计划投资 60 亿～80 亿福林,而 Generale des Eaux 的投资是 30 亿福林。Eurawasser 公司的新计划还包括在 10 年内减少 50% 的工作岗位。不过随着政府人员的变动,关于废除对 Eurawasser 公司授权的投票也于 1995 年 5 月举行,这次投票并非是走形式。废除授权的主要根据是跨国公司投资项目在技术上缺乏合理性,会导致不必要的费用。

另一方面,市政公司由于其技术上的权威性能够胜任必要的工作,同时还可以增加就业机会。德布勒森市议会最终决定将供排水系统纳入市政管理范围之内,在工会的支持下对管理层提出的商业计划进行审查。Debreceni Vizmu(Debrecen 水务联合公司)作为独立于市政之外的机构于 1995 年 7 月成立。管理层制定的发展计划基于供排水服务收入的充分稳定,故而可以在长期范围内计算出来。公司财政的建立中有三个重要的因素:包含在用户费用里的折旧,采用弹性的价格政策以应对风险,利用银行贷款加速投资过程。最重要的是,计划要保证所有的成本,包括折旧,都能收回而且不追求额外的利润。由于普通用户消耗水量的减少和工厂停业,1990 年后水价上涨。公司的计划投资为 20 亿～25 亿福林,远低于另外两家国际公司提出的计划。投资主要用于建设排水管道,引进生化方式改进废水处理系统。基础设施的投资则部分来自于公司自身的资源,部分来自于外部贷款。

公司的财政外源包括欧盟法尔计划(PHARE Programme)提供的 49 万欧元、欧洲复兴发展银行的资金,以及占主要部分的一笔来自匈牙利商业银行的贷款。由于公司的稳定性能保证这笔贷款的安全性,匈牙利银行部门很乐意支持这样的投资计划。公司提出的财政方案与匈牙利政府投资建设高速公路的方案十分相似,都是由欧洲投资银行担保商业银行贷款。

1996 年,匈牙利最大的商业银行之一,Kereskedelmi es Hitelband Rt(K&H)给 Devreceni Vizmu 公司提供了一份 8.29 亿福林的贷款。双方同意这份长期贷款将在 2003~2005 年分两次偿还。贷款协议还包含了水价的计算公式。另外,协议的一个重要部分是对公司财政保持控制的应该是公司而非地方政府。银行本打算贷款 10 亿福林,被公司出于减少用户不必要花费的考虑而拒绝。

德布勒森市政当局公有化的选择似乎在多方面取得了效果。首先,公有企业在必要投资上的相对花费要低许多。截至 1997 年 4 月,已完建 23 km 的输水管道花费了 3.2 亿福林,是 Eurawasser 公司预估耗资的 40%。另外,采用本土供应的而非法国制造的设备也更能节约成本。例如,塑料管的价格比法国公司提供的售价低 30%,而且不会产生运输费用。最终,基础设施的造价比私有承包商的造价低 75%。Debreceni Vizmu 公司的计划还包括增加 300 个工作岗位,形成对比的是,Eurawasser 公司却要裁减 50% 的岗位(Hall, 1998d)。

其次,公有部门在供排水系统中的直接参与还可以防止利润扩散。塞格德(Szegedi)市可以作为这方面的例子。威望迪拥有 Szegedi Vizmu 49% 的股份,后者得到了塞格德市水务工作的授权,同时成立了一家事务性公司。该公司股份 70% 和 30% 分别为 Generale des Eaux 公司和政府所有。Szegedi Vizmu 公司每年支付 Generale des Eaux 公司一笔高额费用供其进行供排水系统的维护工作。不仅如此,该公司还在合约上享有独有的权利。这样的安排使得 Generale des Eaux 这家法国跨国公司能利用其子公司分享 Szegedi Vizmu 实现的利润(Hall, 1998d)。

1998 年,Debreceni Vizmu 公司在完成投资计划之前似乎就取得了盈利。公司利用自身资源进行了大部分的工作,只有建设工作交给了下级承包商(Devreceni Vizmu, 1999)。表 3.4 是 Debreceni Vizmu 公司近两年来的财务表现。表 3.5 是 Debreceni Vizmu 公司和其他三家私有制水公司 Eaux de Kaposvàr、Pécsi Vizmu 和 Szegedi Vizmu 的主要指标对比。前两者都是 Lyonnaise 的子公司。总体看来,Debreceni Vizmu 公司的效率并不比私有公司的低。

表 3.4　Debreceni Vizmu 公司的财政基础(1997~1998 年) (单位:千福林)

项目	1997	1998
业务量	56 994	201 485
金融交易量	37 323	− 56 701
一般合同额	19 671	144 784
额外收入	18 188	3 423
税前盈利	37 859	148 207
资产负债	34 687	129 352

注:摘自 Debreceni Vizmu 公司,1999。

表 3.5　匈牙利公私制公司主要指标比较(1998 年)

公司	Debreceni Vizmu(M)	Eaux de Kaposvár(P)	Pécsi Vizmu(P)	Szegedi Vizmu(P)
城市	Debrecen 德布勒森	Kaposv 卡波斯威尔	Pécs 佩奇	Szeged 塞格德
人口(千人)	222	73	183	174
供水人口(千人)	220	73	170	174
污水处理服务人口(千人)	177	46	146	109
管线长度(km)	572	249	781	643
下水道长度(km)	337	131	365	309
设备总值(百万福林)	9 647	2 492	7 922	5 685
全职劳工	558	142	409	238
人均月工资(福林)	80 095	67 093	74 456	75 260
每户水费(福林/m³)	97	78	130	75.3~73.9
每户污水处理费(福林/m³)	60	52	77	53.1~53.3
供水纯收入(百万福林)	2 165	659	2 114	1 036
总净收入(百万福林)	2 343	727	2 385	2 107

注:摘自 Debreceni Vizmu 公司,1999;其中:M = 公有制,P = 私有制。

3.2.2.2　波兰罗兹水务公司

　　罗兹是波兰西部的一个大工业城市,人口大约 90 万人。1993 年,Generale des Eaux 公司提议通过建立一个公私合营公司和引进私有投资的方式来完成供排水系统的私有化,这引起了公众的讨论。1994年,这项提议被一项花费更少的公有化方案所替代。

Generale des Eaux 公司修正后的建议是根据新污水处理厂的投资提出的。作为对投资的回报,一家由 Generale des Eaux 公司主要控股的联合公司将接管供排水公司。值得指出的是,6 000 万欧元的信贷是以设备和服务的形式提供的。这样一来,公司就没有任何显著的财政风险。而且,Generale dex Eaux 公司还可以利用闲置的设备等牟取利润。

由管理层和工会提出的联合方案中的资金来自波兰国家环境基金。该基金通过提供无息贷款资助对环境有利的工程。方案同时也重视将供水和排水服务重组到独立的公有公司里。公众的讨论不仅否决了私有化,还引起了对于 Generale des Eaux 公司的子公司 OTV 的一项调查。OTV 公司负责承建的污水处理厂未能按时完工,市议会据此向 OTV 公司提出诉讼。1995 年 3 月,市政当局废除了与 OTV 公司的合约,重新取得了公司的所有权。

罗兹水务公司的表现坚定了公有化的选择。工会估计,截至 1998年,由于无须支付 Generale des Eaux 公司提议的投资,政府至少节省了800 万美元。对污水处理的投资也十分平缓稳定。1998 年 2 月,罗兹的供排水费率明显低于格但斯克(Gdansk,波兰港市),后者的供水和污水处理已经私营化(见表 3.6)。

表 3.6　格但斯克(Gdansk)和罗兹(Lodz)两地价格对比

（单位:兹罗提/(m³·户))

项目	Lodz	Gdansk
供水	0.93	
排水	0.60	
合计	1.53	2.41

注:摘自 Hall(1998c)。

AQUA S. A 是波兰南部比斯科比亚拉(Bielko – Biala)的子公司,也是公有制企业成功的范例(详细报告请参见 Warner et al. ,1999)。

3.2.3 拉丁美洲的高效公有制企业

下列例子旨在说明发展中国家也可以有高效率的公有制企业。现代化的公有制企业足以应对大城市甚至是特大城市水管理的挑战。

3.2.3.1 洪都拉斯SANAA公司

SANAA公司是创立于1961年的一家国有企业,负责全国的供水和排水系统。直到1994年进行完全的公有制范围内的重组之前,企业的效率一直十分低下。下面的分析展示了SANAA公司在1998年9月之前的状况。

1994年以前,SANAA公司的情况为:中央集权,管理混乱,部门之间缺乏合作,没有确定的发展策略;劳工关系恶化,员工缺乏激励,没有成就感,工作效率因此受到影响。所有这些导致了顾客的不满,继而形成恶性循环(见图3.1)。1994年泛美发展银行的一份报告意识到了SANAA公司的问题,并且建议其采用私有化改革的方法。企业的管理层选择了内部重组,并且得到了工会的全力支持。一方面通过激励人力资源,另一方面通过内部重组以提高工作效率,SANAA公司的面貌焕然一新。投入、热情、忠诚、自豪和团结成为传播核心价值的时髦词汇;同时,员工也在加强关于组织结构方面的训练(战略规划、服务质量、财政管理、组织文化和结构、信息技术、研究和发展、顾客关系、生产、运行和维护),这些方面可以有助于评估公司的转型。公司的重组是通过权力下放和缩减人事实现的。随着服务的分散,价格开始由地区来制定,信息技术使提供的价格更为准确。工作人员则由2 400人裁减到1 600人,减少了35%。同时在维持每户每月前20 L水免费的情况下,将水价在3年内增了一倍。

SANAA公司的发展从1994年9月增长34%上升到了1998年1月增长67%,公司的财政状况也有了起色,如图3.2所示。

自1994年来,公司建设管道网络的能力在3年内增长了3倍,对首都特古西加尔巴的供水能力增加了5倍。漏损得到了控制,这为城市每秒钟节省了100 L水。供水的持续性和可靠性有所提高,现在大部分人口一天24小时均可使用自来水。SANAA公司的例子被联合国作为范例向全世界推广[18]。在公有制范围内的公司重组的确提高了工

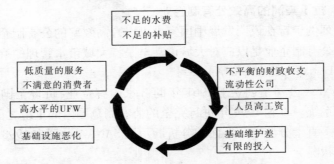

图 3.1　1994 年前 SANAA 公司的表现

（摘自 SANAA 公司管理层幻灯片（1998 年 9 月））

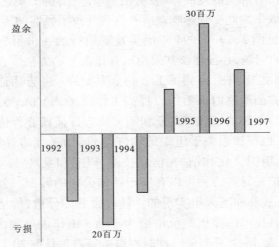

图 3.2　SANAA 公司 1992～1997 年的财政状况　（单位：英镑）

（摘自 SANAA 公司管理层幻灯片（1998 年 9 月））

作效率，而无须通过强行私有化带来社会和经济效益。

3.2.3.2　巴西 SABESP 公司

　　Sabesp 公司是随着公有制企业的发展而于 1973 年建立起来的一个混合制企业，主要负责圣保罗地区供排水服务。圣保罗地区共有 366 个城市中心，人口达到 2 200 万人，因此 Sabesp 公司被认为是世界上最大的水利机构。这家国有公司从 1995 年以来就一直进行着旨在管理现代化和运行高效化的重组[19]。本次案例分析关注公司 1998 年重组后的情况。

随着法律上的修改以支持更大程度上的管理自治，Sabesp 公司的重组于 1995 年开始。在连续亏损 4 年之后，Sebesp 偿还了 6 亿英镑的短期债务，并开始致力于收回成本。截至 1995 年底，一系列扩大收入和削减额外支出的行动扭转了公司的财政状况。仅 1995 年，供水覆盖率就由 84% 提高到了 91%，排水系统人口覆盖率从 64% 提高到了 73%。雇用人数的减少和外部资源的大量使用使成本降低了 45%。公司开始致力于回收成本和扩张商业基础，使公司可以利用借贷和自由资金从根本上管理自己的投资计划[20]。

由于 Sabesp 公司的出色表现，圣保罗临近地区也开始将供排水系统的管理权授给了 Sabesp 公司，扩张后的服务网络给 Sabesp 公司带来了新的收入。仅 1998 年，公司就将服务扩展到了另外的 6 个地区。在获得了 Osasco 地区的授权之后，公司的服务覆盖人口达到了大约 65 万人[21]，这一数字还将随着员工工作效率的增加而增加。目前，服务地区 100% 的人口能够获得处理过的干净水，80% 的人口获得了排水系统服务[22]。公司的商业基础扩张也由弹性价格政策所补充，例如 1998 年调整的运输价增加 3.12%，1997 年则为 9.8%。表 3.7 为 Sabesp 公司从 1994 年重组之前到 1998 年的财政和运行状况。

改善资产负债是公司完成其最大投资计划的前提。该计划在 4 年内投资 34 亿雷亚尔（巴西货币单位），其中 1998 年投资 12 亿雷亚尔[23]。计划不仅要求扩展服务覆盖面，还要求提高水质和环境服务质量。1998 年，Sabesp 公司率先通过了 ISO9002 认证，且连续三年被 ISO GUIDE 25 认可。而且，Sabesp 公司致力于环境修复工作，1998 年完成的一项耗资 9 亿英镑的 Tiett 河清理工程，被认为是拉丁美洲最大的环境工程[24]。与此同时，海岸水质和土质都有所好转[25]。1999 年，受货币贬值和高利率的影响，公司的财政由于要在前三个月内付清高额外债而受到了严重的损害。在 1998 年实现了创纪录的 5 亿美元利润后，Sabesp 公司现在面临约 6.5 亿美元损失。不过，这种与前四年截然相反的状况无损于 Sabesp 公司作为公有制重组的成功范例，因为外债的压力并不是组织形式能避免的。此外,公司在圣保罗地区享有良好的声誉,并且由于公司取得的成就,私有化一直不被接受[26]。

表 3.7 Sabesp 公司 1994 ~ 1998 年的财政和运行状况

项目	1994	1995	1996	1997	1998
运行利润	-18.2%	5.5%	4.4%	14.4%	17.9%
资产收益	-3.6%	0.3%	0.7%	3.4%	6.4%
亏损率(负债/资产)	36.9%	34.2%	37.0%	39.6%	42.3%
供水管网(km)	4 013.3	4 111.4	4 324.6	4 601.4	4 954.7
排污管网(km)	2 765.8	2 869.5	3 019.1	3 276.8	3 558.9
供水人口(百万)	16.2	17.0	17.5	18.2	18.7
纳入排污管网人口(百万)	11.9	12.5	12.9	14.1	15.0
雇员(人)	20 516	18 861	18 467	19 129	19 340
每个雇员管理管网长度 (m/人)	330	370	398	412	440

注:摘自 Sabesp(http://www.sabesp.com.br/noticias/lucro.htm)。

Sabesp 公司 1995 年后的业绩说明,公有制公司在完成社会和环境目标时,也可以提高运行效率和有效性。这样的公司可以作为公共服务公司的典范。

3.2.3.3 玻利维亚 SAGUAPAC 公司

SAGUAPAC 公司创建于 1979 年,是一家在 Santa Cruz 地区(人口100 万人)负责检查、管理和运营的合作社。建立这样一个合作社的初衷是出于当地政府管理上的乏力和地方社团强烈的自治愿望。SAGUAPAC 公司是世界上唯一一个管理供排水系统的合作社。合作社下分 9 个水利区划,包含 96 000 个用户。由用户间接选举产生管理层,并监督管理层的工作,而管理层有委任的权利。

SAGUAPAC 公司承担主要的工程投资,提出了完整的成本回收方案。1979 ~ 1986 年世界银行资助了第一笔投资项目,而且于 1990 年提供了一笔 1 330 万美元的低息贷款,该项为 27.2 万人提供供水和4.67 万人提供排水服务的工程于 1996 年完成。这些投资不仅完成了既定工程目标,还节省了资金用以建设额外的排水设施。由表3.8 SAGUAPAC 公司各种指标与玻利维亚其他水利机构的对比显示出了 SAGUAPAC 公司的高效率。

SAGUAPAC 公司设定的水价比其他拉丁美洲国家高,但是已考虑了该国大部分人口的支付能力,而且每月每户有 15 m^3 的水是免费的。20 世纪 90 年代曾有私有化的尝试,不过马上被否决了。私人承包商向无法支付费用的用户断水的这种做法,与合作社的社会责任理念不符(Nickson,1998)。

表3.8　玻利维亚水务公司的主要效益指标对比

项目	SAGUAPAC (Santa Cruz)	SAMAPA (La Paz)	SEMAPA (Cochabamba)
财政效益			
每方水费	0.55		0.63
人员费率	0.6	0.65	0.49
征收效益	96%	111%	61%
技术效益			
与供水无关的	23%	33%	54%
每千米管网雇员	4.02	4.43	6.49
计量管网	100%	98%	64%
效益			
供水覆盖率	80%	84%	57%
供水时间	24 h		

注:摘自 WorldBank,asinNickson(1998)。

3.2.4　其他国家的公有制企业

在其他国家也有公有制企业的成功重组的例子。

3.2.4.1　南非

一项重组行动使自来水供应覆盖到了开普敦的整个辖区,包括以前被忽略的黑人镇区和白人居住区。在当地工会的支持下,市政当局通过成功改进水资源和设施管理来提高服务质量,这体现在新管道的安装和旧管道的替换、漏损减少和水压提高等方面上,在新的区域还建成了管体式水塔。重组带来的显著改善使当局拒绝了私有化的建议(van Niekerk,1998)。

3.2.4.2 菲律宾

菲律宾的水域覆盖了 480 个行政区,包括城市和城市周边地区。菲律宾水利机构技术上和财务上的效率,尤其是在成本回收面,要高于亚洲的平均水平,这是组织结构化的结果。组织结构化允许政府持股,同时保证管理不受不当的政治干预,而且能代表消费者的利益。当地公用水管理部门同样还承担了技术支持部门、发展银行和非正式监理的角色(Braadbaart et al.,1999c)。

3.3　结论

目前似乎过度强调了私有制公司在供排水事业上的参与,根据上面讨论的例子,可以得到下面的结论:

(1)国际金融机构和地方政府决策者,以及发展部门在推动私有化的进程中需要对其可能带来的后果做更为谨慎的考虑。

(2)私有化意味着风险,原因在于供水和卫生服务自然的垄断本质,缺乏国际范围的竞争,监管跨国性公司的困难,商业机构垄断带来的潜在社会和经济影响,最后一点对处于经济转型的发展中国家影响尤为明显。

(3)供水和公共卫生系统的公有制企业具有现代化、透明化、社会责任心和基于发展的特点,能够在商业效益和社会效益间取得平衡。公有制企业的效率也并不比私有化的公司低。

(4)事实证明,供排水系统的公有制并不是仅仅在发达国家才可以实现的,在发展中国家也可以看到这样的例子。

(5)没有事实表明公有部门仅仅适用于中小地区,公共用水事业机构在大城市和特大城市也可以高效运作。

(6)政府当局在考虑私有公司介入时,可以制订可行的公有化备选方案以便两者比较。

（7）政府当局应该更加明确地注重服务。其他需要注重的操作原则包括连续性、机会均等和普遍性，加强行业的开放性。重组计划应更多基于以上的目标，而不仅仅是增加政府的财政收入。

注：

1. Source：PSIRU database；TRINIDAD & TOBAGO Water utility contract, Caribbean Update Predicasts PROMT 5 June 1995.

2. Source：PSIRU database；Giuseppi, R. Severn Trent—it´s time to go!, Trinidad Guardian, 1 March 1999.

3. Source：PSIRU database；Ruiz, C. Privatisation goes awry, report：11 August 1999. As operational costs have been increasing in recent years, the reduction in the PRASA payroll appears to be offset by the costs of contracting out to the private sector. Cases were reported in which "PRASA work brigades have had to redo work that private contractors didn't do right".

4. In general, price increases unjustified by the investments realized can be observed following the award of a concession influenced by corruption or other forms of restricted competition.

5. The same companies are also the major operators at the global level, with more than 70% of the water market (Hall, 1998b).

6. The tendering produce which led to the award of the original concessions was organized under the auspices of the World Bank. However, the World Bank has failed to produce any public statement calling for investigation of the alleged corruption. Interestingly, the European Bank for Reconstruction and Development defines corrupt practice as "the offering, giving, receiving, or soliciting of any thing of value to influence the action of a public official… in connection with the procurement process… in order to obtain or retain business" (EBRD, 1999b, p. 3).

7. Source：PSIRU database；Inflation is taken over by the public utilities, NEPSZABADSAG, 16 December 1998. The increases expected for 1999 were criticized by Budapest city councillors and local organizations as excessive and groundless. Finally, it may be noted that Budapest Water Works Rt was privatized in 1997 amidst the expectation of reductions in the price of water supply as a result of increased efficiency. Source：PSIRU database；"Eight bidders for Budapest Water Works privatisati-

on, MTI – ECONEWS Reuter Textline, 24 September 1996.

8. Source: PSIRU database; Mercene, R. Pull – out of investors halted, Today, 1 June 1998. It should be noted that water rates charged to investors at Subic bay can be compared with rates in Manila (P. 3. 50 – 4. 50 per cubic metre), while rates charged to investors in Angeles City were P 18 per cubic metre.

9. Source: PSIRU database; UK's Ofwat says Yorkshire Water divided policy 'should not impair'business, AFX News, 20 June 1996.

10. Source: PSIRU database; Water firm is told to wipe out droughts, Manchester Evening News, 5 July 1995; A scandal of water cut – offs in North West, Manchester Evening News, 12 May 1995.

11. Source: PSIRU database; Hudson, P. Muddy waters—overview of troubles with Argentina's water infractructure, Latin Trade Business & Industry, 5 March 1999. Following the refusal of the large majority of customers to pay water bills, the company rescinded the contract and the operations were retained under public control. Vivendi subsequently filed a $ 100 m suit against the government and an ICSID (International Centre for the Settlement of Investment Disputes) arbitration panel is currently examining the case.

12. Source: PSIRU database; Bugge, A. Argentina agrees to revise water concession terms, Reuter News Service = – Latin America: 21 November 1997.

13. Source: PSIRU database; ' EBRD Board backs Budapest scheme', Global Water Report, FT Bus Rep: Energy, 4 December 1998. More precisely, the stake acquired by Vivendi/Berliner Wasser Betriebe is to be sold to a special – purpose company, with the EBRD as a shareholder. The EBRD will hold 30% of the special – purpose company (ECU22. 7 m), while Vivendi and Berliner Wasser Betriebe together will hold 70%. Part of the EBRD's 30% equity stake in the special – purpose company will be sold to the sponsors at a pre – agreed price (covered by commercial confidentiality) at an agreed moment (also covered by commercial confidentiality). This is likely to allow the two companies to re – finance their equity participation in FCSM at more favourable conditions than those offered by the private banking sector.

14. Source: PSIRU database; EBRD Board backs Budapest scheme, Global Water Report, FT Bus Rep: Energy, 4 December 1998. The EBRD's interest in the special – purpose company is in fact associated with a political and regulatory risk " carve – out'. In other words, in the case of political and regulatory risks the EBRD will not

exercise its right to sell the equity to the private sponsors until the cessation of those risks.

15. The practice to charge an 'entry fee' to selected companies has been criticized by the Cour des Comptes in its 1997 report on the French water industry. In St Etienne a court has ruled that levying such indirect tax is illegal. See Hall (1998b).

16. The public limited company organizational mode is the European equivalent of the joint stock company of the USA.

17. This results from the legal and statutory limits imposed on the company's Board of Directors in setting the rate to be charged over the duration of each three - year plan. "The charging principle is determined by the Municipal Council, whereas the level of charging is set by the company's Board. It is calculated pursuant to the Act on public water and sewage systems in accordance with the cost price principle, and it covers the company's necessary costs for operating the business, although as a rule it does not enable the business to make a profit" (Stockholm Vatten, 1998, p. 8).

18. Source: SANAA management, Honduras—restructuring the state water company (SANAA) with full trade union involvement, PowerPoint presentation: September 1998.

19. Source: Sabesp.

20. Source: PSIRU database, Brazil looks for Foreign Investors, Global Water Report, FT Bus Rep: Energy, 8 May 1997.

21. Source: Sabesp.

22. Source: Sabesp: http://www.sabesp.com.br/noticias/lucro.htm.

23. Source: Sabesp: http://www.sabesp.com.br/noticias/lucro.htm.

24. Source: PSIRU database; ' Brazil looks for Foreign Investors', Global Water Report, FT Bus Rep: Energy, 8 May 1997.

25. Source: Sabesp: http://www.sabesp.com.br/noticias/lucro.htm.

26. Source: SINTAEMA.

参考文献

Barraqué B. (1995) Les politiques de l'eau en Europe (Paris, Éditions la Découverte).

Blokland M, Braadbaart O & Schwartz K. 1999. Public Water PLCs: conclusions, in: M. Blockland O. Braadbaart & K. Schwartz (Eds) Private Business, Public Owners—Government Shareholdings in Water Enterprises, pp. 183 – 196 (The Hague, Ministry of Housing, Spatial Planning and the Environment of the Netherlands).

Blockland M & Schwartz K. 1999. The Dutch Public Water PLC, in: M. Blokland, O. Braadbaart & K. Schwartz (Eds) Private Business, Public Owners – Government Shareholdings in Water Enterprises pp. 63 – 80 (The Hague, Ministry of Housing, Spatial Planning and the Environment of The Netherlands).

Bolton B. 1995 The German Water Industry—A Vend Public Affair, Trade Union Research Unit paper, presented at European Public Services Union conference, Brussels, 18 – 19 December.

Braadbaart O, Blokland M & Hoogwout B. 1999a. Evolving market surrogates in the Dutch water supply industry: investments, finance, and industry performance comparisons, in: M. Blokland, O. Braadbaart & K. Schwartz (Eds) Private Business, Public Owners—Government Shareholdings in Water, Enterprises, pp. 81 – 91 (The Hague, Ministry of Housing, Spatial Planning and the Environment of The Netherlands).

Braadbaart O, Blokland M. & Schwartz K. 1999b. Introduction, in: M. Blokland, O. Braadbaart & K. Schwartz (Eds) Private Business, Public Owners—Government Shareholdings in Water Enterprise's, pp. 3 – 18 (The Hague, Ministry of Housing, Spatial Planning and the Environment of The Netherlands).

Braadbaart O, Villaluna R, Conti P & Pestaño A. 1999c. The Philippines" Water Districts, in: M. Blokland, O. Braadbaart & K. Schwartz (Eds) Private Business, Public Owners—Government Share holdings in Water Enterprises, pp. 151 – 168 (The Hague, Ministry of Housing, Spatial Planning and the Environment of The Netherlands).

Cour des Comptes. 1997. La gestion des services publics locaux d'eau et d'assainissement (Paris, Les éditions du Journal).

Dane p & Warner L. 1999. Upscaling water supply: the case of Rotterdam, Ln: M. Blokland O. Braadbaart & K. Schwartz (Eds) Private Business, Public Owners—Government Shareholdings in Water Enterprises, pp. 49 – 62 (The Hague, Ministry of Housing, Spatial Planning and the Environment of The Netherlands).

Debreceni Vizmu. 1999. Extract from the Debrecen Waterworks Inc. Account for the Year 1998.

De Luca L. 1998. Introduction: global lessons, in: L. De Luca (Ed.) Labour and Social Dimensions of Privatisation and Restructuring (Public Utilities: Water, Gas, E-lectricity) pp. vii – xviii (Geneva, International Labour Office).

European Bank for Reconstruction and Development. 1999a. Municipal and Environmental lnfrastruc – ture – EBRD Involvement to Date in the MEI Sector (London, European Bank for Reconstruction and Development).

European Bank for Reconstruction and Development. 1999b. Procurement Policies and Rules (Londod, European Bank for Reconstruction and Development).

Hall D. 1998a. Public Enterprise in Europe, in: G. Holtham (Ed.) Freedom with Responsibility – Can we Unshackle Public Enterprise?, pp. 63 – 84 (London, Institute for Public Policy Research).

Hall D. 1998b. Restructuring and privatization in the public utilities – Europe, in: L De Luca, (Ed.) Labour and Social Dimensions of Privatization and Restrucuring (Public Utilities: Water, Gas and Electricity), pp. 109 – 151 (Geneva, International Labour Office).

Hall D. 1998c. Lodz, Poland: Successful Campaign against Water Privatization 1993 – 1994, PSIRU internal publication.

Hall D. 1998d. Debrecen, Hungary: Campaign against Water Privatization 1993 – 1994, PSIRU internal publication.

Hall D. 1999. Corruption and privatisation, Development in practice, 9 (5), PP. 539 – 556.

Martin B. 1993. In the Public Interest? Privatisation and Public Sector Reform (London, Zed Books).

Nickson A. 1996. Urban Water Supply: Sector Review, University of Birmingham: School of Public Policy, Papers in the Role of Government in Adjusting Economies, No. 7, January.

Nickson A. 1998. Organisational structure and performance in urban water supply: the case of the SAGUAPAC cooperative in Santa Cruz, Bolivia paper presented at 3rd CLAD Inter – American Conference, Madrid, 14 – 17 October.

Paddon M. 1998. Restructuring and privatization of utilities in the Asia Pacific region, in: L. De Luca (Ed.) Labour and Social Dimensions of Privatization and Restructuring (Public Utilities: Water, Gas and Electricity), pp. 43 – 108 (Geneva, International Labour Office).

Public Services Privatisation Research Unit. 1997. Private finance: troubled French water, Privatisation News, No. 44, February 1997 (also published on http://www. btinternet. com/ ~ ipspr/steweduc / Resources / Res15. htm).

Ruzička P. 1999. Water supply and sewerage systems, unpublished document for the Water Supply and Sewerage Systems Section of the Wood, Forestry and Water Industries Workers Trade Union,Czech Republic.

Sader F. 1995. Privatizing Public Enterprises and Foreign Investment in Developing Countries, 1988 – 1993, Foreign Investment Advisory Service Occasional Paper No. 5 (Washington, DC, World Bank).

Schwartz K & Roosma E. 1999. Water Supply Companies as Environmental Watchdogs: The Case of PWN North – Holland, in: M. Blokland, O. Braadbaart & K. Schwartz (Eds) Private Business, Public Owners—Government Shareholdings in Water Enterprises, pp. 119 – 130 (The Hague, Ministry of Housing, Spatial Planning and the Environment of the Netherlands).

Servicio Nacional de Aguas Y Alcantarillados (SANAA). 1998. Memoria 1998.

Stockholm Vatten. 1998. Environmental Accounts and Annual Report 1998.

van Niekerk. 1998. Privatisation—a working alternative, South African Labour Bulletin, 22(5) pp. 6 – 9.

Warner J, Stangret P, Schwartz K & Braadbaart O. 1999. The Public water PLC in Poland: the case of AQUA S. A. , in: Blokland, M. Braadbaart, O. & Schwartz, K. (Eds) Private Business, Public Owners—Government Shareholdings in Water Enterprises, pp. 169 – 180 (The Hague, Ministry of Housing, Spatial Planning and the Environment of the Netherlands).

第4章 用水管理的高效组织

（PAUL R. HOLMES 著）

国际上对从事水污染控制机构效率研究的成果显示,那些具有浓厚官僚主义特性的组织在提供服务方面效率低下。带有官僚主义特性的组织在经济相对不发达国家更为盛行,而且传统的努力提高生产力使得这个问题更加严重。要想彻底改变一个组织的结构和文化是困难的、昂贵的和容易失败的,所以人们在寻找更多实用的其他方法。他们研究提出一套模型来显示一个组织的策略与其目标之间的关系。如果该组织的结构、类型和目标保持协调融洽,同时它的官僚主义特性在控制之中,那么该组织在满足所有者目标时将更加有效率。

城市用水管理的技术性问题通常比制度性问题更容易解决。供水部门的一些特点给管理提出了独特的挑战:

(1)水是一种至关重要的公共资源。提供和管理它是一种社会性的服务,而且几乎总是一种自然的垄断行为。

(2)由于水对任何社会的重要性以及为提供水服务所需的巨大资本投资使水成为更多政治关注的对象。

(3)用水管理一般都缺少一种利益驱动或者其他市场机制来衡量它的效率(那些按合同给社会提供服务的商业机构是一个例外)。因此,多元化的目标可能转移组织的资源。

(4)在供水部门机构中,技术专业人员占主导地位。人们公认,大部分该领域的科学家和工程师在与政治家以及其他所有者沟通方面效率并不高。

如果管理者要提高组织的管理效率,水污染控制管理方面的有关文献提出了许多管理者需要注意的一些建议,其中主要有:

(1)确定清晰、相应和适当的目标与目的是非常重要的。

(2)公共部门管理的一些与众不同的特征,尤其是机构间的相互依赖性和微观管理中的一些枝节问题。

（3）联系性，涉及所有股东对相互关系、组织和文化的相关承诺。

例子可参见 Metcalf（1991），Mitchell & Hollick（1993），Clarke（1994），Holmes（1994），Posner & Rothstein（1994），Milburn（1996）和 Alaerts（1996）。

评价一个组织的管理效率，一个基本的前提是组织在追求水污染控制目标时是理性的。如果没有理性的目标，或者目标是与维持组织生存能力有关的，则是以生存和发展的能力考查其效率，而非目标的实现。这可能是一个不错的政治选择，特别是在近期目标就是通过能力建设从而去实现减少污染的目标的时候。

在关于水污染控制服务管理的文献中，有充分的证据表明，组织的效率问题是公认的，而且还提出了大量改进的建议。而另一方面，各地仅有少数案例显示这些建议被采纳。这是相当矛盾的：有那么多很好的建议，一切本应做得接近完美。

在此背景下，作者与当时的国际水质量协会里的管理和制度事务专家组（现在合并为国际水协会）合作，承担起了水污染控制组织效率的研究工作。关于水资源部门管理者意见的一项国际性调查显示，对组织特性宽泛的理解是组织对效率有更多的贡献。这也构成了本文的主题。通过进一步详细的研究和访谈，建立了一个模型并不断发展，这个模型可以用来帮助理解这些组织特性是如何相互协调从而提高效率的。

管理理论和观念，很大程度上是基于英语国家进行的一些研究工作（在没有进一步的证明之前是不能被应用到另一个国家的；如果完全是适用的，它通常是在大量修改之后）（Hofstede，1994）。回到水污染控制的背景下，处在不同发展阶段的以及有着不同文化背景的国家之间对效果的期望有很大的不同（尽管一些国家学习其他国家的经验方面有许多可圈可点的，但是直接照搬通常会对接受国造成损害）（Johnstone & Horan，1994），而且对文化背景的忽视已经成为水资源部门发展的一个明显障碍（Biswas，1996）。因此，本研究在 Hofstede（1991）之后包含了国家文化特征相关性研究（1991）。

4.1　国际调查

作者曾对改进水污染控制管理有着明显兴趣的专业人员进行了一次调查问卷。几乎所有被访者均是工程师或是科学家。在进行了一个小规模的预测试并对调查问卷进行修订之后，发出了 564 份调查问卷。对没有回应的调查问卷都发了一张提示卡，最后收到了代表 31 个国家 90 个机构意见的 130 份调查问卷。

调查问卷包括 4 大部分。第一部分是确认被访者以及机构，包括其角色、目的和机构规模大小。第二部分涉及机构运作所遵循的法则和控制方案。在第三部分中，问题涵盖了机构的结构、类型以及机构与其周围环境和面临问题的相互作用。所有这些问题都在一个包含五个等级的顺序等级量表上标识出。第三部分询问关于由 Zeithml et al. (1988)所提出的 16 种因素所导致问题的严重程度。这些因素与"服务差距"相关，即顾客期望和顾客失望的服务体验的差异。第四部分要求被访者自由评论机构的形式和其工作表现的关系。

4.1.1　数据资料分析

只要不是用于对样本总体进行可靠推论，所收到的数据对于简单的统计分析来说是足够的。相关统计工作采用 SPSS for Windows 这个软件完成。

因为相关文献并不足以去支持相关变量之间存在定量关系 (Halachmi & Bouckaert, 1994)，所以本研究并不是以支持任何先设的假说为目的。相反地，正如 Zeithaml et al. (1988)所说的，研究目的在于通过询问各个水资源部门机构从业人员的意见以获得一定的内在认识。

作出调查问卷的机构分布如图 4.1 所示。

用表格可以显示各变量之间的关系。这些变量包括结构特点、管理以及与运作环境之间的相互作用。各对变量用 χ^2 表示，并按 5% 的统计误差同比例消减，变量之间显示出明显的相互关系：

(1)具有金字塔结构多层次的管理模式一般和注重固定办事程序的类型相关(都有官僚主义特征)，而与注重顾客服务的负相关。这种

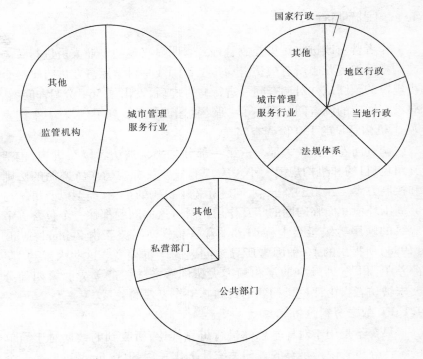

图4.1　作出调查问卷的机构分布

效应常常出现在监管机构中,而不是在城市管理服务行业中。

　　(2)注重固定程序也与一种独裁的管理风格相关。独裁的管理方式并不是官僚主义作风的特点,而固定的办事程序确实才是官僚主义作风的特点。但是一旦涉及全部员工,这两者都有着不能与人共享的潜在特征。这种效应再次明显地出现在监管机构中。

　　(3)服务质量与组织结构的矩阵形式有关,与组织结构的管理层次也有关。后者是传统官僚主义作风的一个特点。这两种现象强调了这样一种倾向,即官僚主义作风在提供某种客户服务方面显得相对低效,而在比如处理大量的文案工作方面显得更加高效。

　　(4)类似地,对"官僚主义作风"的描述与注重数量相关而不是注重质量。

（5）还有这样一种现象，亲近客户、包含对公众开放的风格，以及与政治环境积极相互作用，也是与注重服务质量相关。这些相互联系在城市公共服务行业中比在监管部门中或者其他行业中表现得更加明显。

把所有这些关系放到一起，这项调查支持了这样一种结论，即能提供高服务质量的机构结构层次单一、指令链短或可能为矩阵组织、员工参与管理。相反地，官僚式的机构趋向于远离客户，且注重服务的数量而非服务质量。

这些结论与现行的管理思想非常一致，而且可能是普遍的想法。以减少管理层次的复杂性来改进服务是非常普遍的。举例来说，美国当地水资源部门当局的一位管理者评论道："我们的机构正在重组以减少管理的多层次，而且改进部门间的协调性。"另一个例子，某一欧洲城市水资源管理服务的常务董事这样评述他的机构："（城市的供水系统）今天已经是我们城市所拥有的一种公共事业，而且也是地方性组织的一部分。供水系统已经有了一个固定的年收益，且有一个相当独立的经济体系。作为城市所拥有的一项私有的城市管理服务供水系统能够更加有效地运作，是由于其拥有简单的组织结构和更加独立的经济系统。"

在这项调查中，被访者提出的主要问题是管理层过多。私人部门机构和公共部门机构的任何区别都被公共部门的发展趋势弄得模糊不清了，出现这种发展趋势是由于公共部门愿意采用过去私人部门特有的管理方法。美国某大城市的水资源部门的一位管理者的评论非常典型："我们对能确保提供的服务和私有公司一样有效率非常感兴趣。"

为了理解国家民族文化对组织的期望表现和行事规范的冲击，我们把关于结构、类型和相互作用的研究信息与 Hofstede（1991）提出的文化尺度进行对比研究。通过绘制散点图，计算皮尔森相关系数 r，在置信水平为 0.05 时，相关系数明显异于 0 时得出计算结果（双尾检验，因为任何相关性的方向并不是先验的）。

权力距离指数（PDI）度量了社会中的不公平程度，而这种不公平的程度，尤其是在工作中的权力，被认为是正常的。图 4.2 表示了 PDI

与组织结构精简程度之间的关系,1 代表最精简的组织结构,5 则表示金字塔集权式的结构。图中组成部分的每片分块代表了在该点上显示的每个小单元中一个额外的数据记录(Cleveland & McGill,1984)。相关系数 r 为 0.28,是一个温和的值,但有显著统计学意义。这些发现和报告中的官僚主义程度与权力距离指数(PDI)的相关性非常相似。

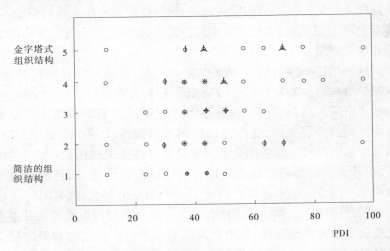

图4.2　权利距离指数(PDI)与组织机构精简程度的关系:$r = 0.28$,$p = 0.005$

有官僚主义性质的机构往往与具有很高权力距离指数(PDI)的国家文化相关。因此,中肯地问一句,是否具有高权力距离指数国家的居民就相信官僚机构组织所提供的服务会与那些具有低权力距离指数国家中官僚气氛少的机构所提供的服务质量一样高吗? 服务质量指数范围从1(注重服务质量)到5(注重服务数量)。这个指数与官僚主义机构特征指数密切相关,且相关性反映了注重质量和权力距离指数(PDI)间的关系。在置信水平为 0.04 的情况下,相关系数为 0.21。因此明显看出,甚至在有较高权力距离指数(PDI)的国家,老板更加专制,国内观察者认为应该注重服务质量而不是服务数量。这说明有较少官僚主义特征的机构将提供更好的客户服务,甚至在官僚主义特征很普遍的国家。

在财产和权力距离指数（PDI）之间，我们观察到一个负相关性。机构财产指数范围从1（资源贫乏资金短缺）到5（资源丰富资金充裕）。它和权力距离指数（PDI）的相关性相当强烈，$r = -0.29$ 且 $p = 0.003$。在这种情况下，潜在的原因或许是样本中国家的经济相对成熟度的一个体现。有着最高权力距离指数（PDI）的所有10个国家都是发展中国家或者新兴工业化国家，而最低的11个国家，即是最注重工作上平等性的西欧国家和以色列。因此，报告中的机构财富指数反映了该机构所在国家的相对财富。

这里要考虑的第二个Hofstede指标就是个人主义指数（IDV），它刻画了社会中个人之间相互联系的松散程度。个人主义指数高的国家更加看重个人事业心，同时指数低的则代表更偏好于集体主义。

组织结构简洁的形式再一次显示出个人主义指数（IDV）与文化程度的强烈相关性。在数据中，更加集体主义的文化偏向于有着多管理阶层金字塔组织结构。在置信水平 $p = 0.003$ 时，相关性系数 $r = -0.30$。工作场所中权力的集中度也与个人主义指数有密切联系。注重固定程序而不是注重客户服务的官僚主义作风，相对于灵活性管理，显示出与个人主义指数的相似关系。Hofstede的雄性指数（MAS）显示了社会性别角色区分程度是明显的，且对应的是文化强势程度。研究中只有一项是研究结构、类型以及与MAS的相互作用的，就是机构权力与它所在政治环境相互作用的数值，由1（强势）到5（弱势）。在这个例子中相关性是相当弱的。尽管如此，它确实意味着在相对温和的文化背景中，水资源部门机构倾向于和它所在政治环境有更强烈的相互关系，反之在强势文化背景中就没有那么相关。

不确定性避免指数（UAI），测度的是社会成员对不确定或未知的情形感到威胁的程度。这个指数与结构、风格和交互作用变量中的一个有相互关系，它在组织里面测量了权势的集中度，从1（权势集中）到5（权势分散）。$r = -0.21$，相关性相当弱。它表明不确定性避免指数很高，对应于在不确定或者未知的情形下感到相对不适的文化，极有利于权力集中的组织。

为了研究阻碍高效服务的约束和问题，我们提出并计算了一个

"问题"指数。"问题"指数为 Zeithaml et al.（1988）确认的导致服务差距的所有 16 个因素的总和。类似地，提出了一个"限制"指数，为政策的总数或者被访者提出合法约束报告的总数。限制指数明显地只与表现组织的扩张（或缩小）变数有相关性，其中置信水平 $p = 0.03$ 时，相关系数 $r = 0.22$。因此看起来，规模正在缩小的机构受到更多限制。从世界上规模较小而灵活的机构来看，这些限制条件自身或许至少部分已经是造成规模缩小的原因。

我们计算作为因变量的问题指数与描述组织结构、类型或者政治上相互作用的每一个变量的相关系数，结果在统计上有很显著的相关性。而后进行方差分析检验，连同 Bonferroni 检验一起，用于决定哪组能够与其他组不同的被合理地描述。

显著性结果如表 4.1 所示。

表 4.1 不同类型和结构变量与问题指数的相关性

自变量		与问题指数的相关性	
数值范围最低端	数值范围最高端	r	p
简洁单一结构	多层级金字塔结构	0.39	0.000
规模成长中	规模缩小中	0.30	0.002
官僚式管理风格	灵活式管理风格	-0.52	0.000
独裁式管理风格	民主式管理风格	-0.26	0.009
注重固定程序	注重客户服务	-0.44	0.000
倾向于亲近客户	远离客户	0.40	0.000
注重服务数量	注重服务质量	0.45	0.000
技术论、封闭型	公众式、开放型	-0.37	0.000
强势相互作用	弱势相互作用	0.23	0.02
主动积极型互动	被动反应型互动	0.37	0.000
民主自治	过分监管	0.44	0.000

机构的官僚主义特征与被察觉到的问题密切相关；和灵活管理相反的官僚式管理类型指数，与对服务质量问题的理解密切相关。方差比高达 9.39，且 Bonferroni 检验证实了组别间的巨大差异（见图 4.3）。

官僚管理类型的其他特征,比如简洁的平面式结构、注重固定办事程序而不注重客户服务、远离客户,且注重数量而不注重服务质量,也显示出强烈的相关性。

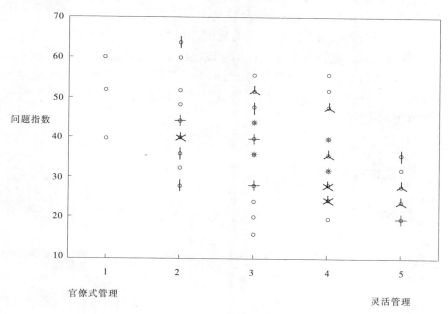

图 4.3　管理方式与问题指数的关系

　　结构、类型、相互作用中的 6 个非经典官僚主义必然特点的变量也与问题指数有明显的相关性。那些报告他们的机构规模正在缩小的被访者,容易感觉到他们的机构比正在扩张的机构有更多的问题。方差分析证实了被报告正在"缩水"机构的问题指数均值为 52.4,它明显高于其他处在规模扩张的其他组别,这些组别的均值都小于 40。这或许是对这样一种普遍现象的推论,即在组织中工作的人,尤其是管理者,都希望有更多的资源,并期望着这能使得他们工作得更好。正如一位欧洲的管理者提出的,"在团队中我们不如我们希望的那么高效率!!"这句话可能真实,也可能不真实。但是单独这条结论,就足以加深对正在缩小的机构中客户服务问题的理解了。

专制的管理类型和技术型的、排外的、非公开的风格都与客户服务问题的理解相关,尽管方差分析并没有对这些发现提供额外的支持。这些管理类型都有一个共同点,就是管理层决策的制定缺少下属参与。

与问题指数相关的三个变量是机构所在政治环境下典型模式的指示器。我们看到,服务问题出现的比例在机构与其政治环境相互作用更弱时会更高,此时这个相互作用对该比例是反作用的,而不是积极作用的,说明机构被过分管制了(如图4.4所示)。方差分析证实了这些相关性计算的结果,被监管最严的组别问题指数明显地不同于其他更加自主的组别。

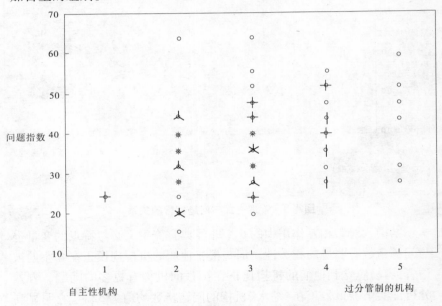

图4.4 自主性机构与过分管制的机构问题指数的差异

4.1.2 自由作答的反馈

对理解究竟什么能使水资源部门机构有效率,自由作答问题的反馈分析研究提供了一种深层次答案。当所有者关系的重要性浮现出来并成为一个关键问题时,研究中被普遍提到的问题之一就是缺乏一套清晰目标。不确定或者正在变化的所有者需求和优先权都是普遍提到的问题。有着非常明确任务的机构组织,比如现有废水的处理工厂,一般很少报告出什么问题。例如,加拿大城市污水处理厂的一位管理者说他的任务非常明确,并且没有报出任何客户服务问题。

相互矛盾的目标经常出现在水工业中,发生的程度也不同。机构有可能被分配了这样的任务,即要么不匹配,要么难以协调。一位回馈者评论道,"维持现状和发展两者的平衡从机构的开始营运之初就一直存在。这是机构的主要挑战"。

相互矛盾的目标可能包括一些间接目标,这些间接目标与水污染控制毫无关系,尤其是在政治占主导地位的公共部门中。举例来说,许多美国市政当局,仍然在他们的"赞助性行为"项目中施加巨大压力。路易斯维尔郡和杰佛逊郡立城市下水系统管区的年报就报告了一些目标,包括建设的数目、专业性服务及为妇女和少数民族提供的购买合同,并且公布了在 6 年内实现这些目标的时间关系曲线图。

职员的股东角色取决于她或他所在组织的结构和管理,而其次就取决于影响机构目标和策略的明确协商机制。这些因素被公认为对机构的效率有主导影响。如太平洋地区监管当局的一位管理者谈论道:组织形式影响其工作表现是因为结构确定了其责任和义务。组织形式应该保证和确定子组的每种功能以及机构的目标。这将防止内部竞争和保证客户提出的问题得到相应解决。组织的反应取决于它的结构和已制定的后续办事程序。这样的结构应该与机构的命令以及公共或客户期望联系在一起。

此处提出的组织结构与所有者期望相联系的论点,是一个重要论点。尽管如此,同样一个被访者也提到,在他的机构中,员工表现不好表明:对要求的清楚理解并不一定转变为实践中的执行力。

一些机构承认,为满足他们机构所有者对提供的服务质量的期望,他们做了很多努力,但是关于服务目标是否真正对服务结果有益,机构(或者重组机构)内部没有达成一致。一位美国州政府机构的被访者谈论道,"我的机构改组了很多次,失去的机会却大于从经验中得到的好处"。然而,高管层中的一致意见是,恰当的机构能够提高社会所有者期望实现的可能。

　　水污染控制部门的许多利益是通过正式的、具有或多或少行政色彩的机构表现出来的。在香港，代表工业和商业部门的三个主要机构就是由法令规定其拥有了具有影响力的环境咨询委员会成员资格。政府要向该委员会咨询各种问题，包括任何对水污染控制有关法律的建议性修改。

　　依照理性的评判标准，这样的权力可能不被采用。如荷兰，通过运用大量半自动计算机技术，一种复杂的综合决策支持系统得到构建，并用于政策分析。然而，当政治选择支持符合技术上理性标准的各种结果时，"决策制造过程中的分析却很少被用到"。

　　调查被访者常常提到将社会支持作为一种效率评价的评判标准。大部分被访者并不清楚，究竟是社会支持在某种方式上提供了资源从而允许他们做好各项工作，还是做好自身工作赢得了社会支持；最可能的情况是此因素在两个方向都发生作用。利益相关者形成的支持网络是现代公共管理的一大特点，且经常用于水污染控制，比如法国、澳大利亚以及其他国家中江河流域管理调节各个团体，所有者支持的价值得到了很好的认同，但起作用的机制似乎还未被理解。可以确定的是，与所有团体进行良好的交流是至关重要的。正如欧洲中心区域的一个水务公司的某管理者所说的：公众关系活动，供给者与顾客间的良好交流，看起来是该活动最重要的部分之一，而它主要决定了被供给者总体观点中机构的工作表现。

　　这条评论再一次强调了所有者感觉的重要性，无论他们是否由科学的方式所支持。另一方面也注意到，预期的交流形式是一种不完善的模式，也就是说，机构对知识和学问具有垄断地位，但必须说服公众认同它的观点。

　　并非一切和所有者的政治互动都是受欢迎的。处在变换中的政治优先权经常被作为一个问题而提出。如美国政府监管机构的一位中层管理者，报告称由于政治优先权的改变，他的组织中谦虚的员工正在减少，而且对于满足顾客需要也缺乏信心。德国一个政府的江河流域管理机构也报告过非常类似的问题。甚至私人部门服务提供者也遇到过政治问题，比如某德国公司的管理者曾经评论道，"政治观点支配着技术问题"。

　　这位管理者与那些理解和欢迎所有者参与的管理者截然不同的态度很有启迪作用,它显示了他们和所在的机构所面临的文化价值观。机构文化似乎与结构的稳定性及其内部沟通的质量有关,而且绝大多数被访者都认为在结构、沟通和效率之间是存在一定联系的。因而,内部文化可能是机构效率表现的主要决定因素之一。反过来,那些报告称政治干涉和缺乏能力满足外部所有者需求的被访者也报告过机构糟糕的内部文化。缺乏清楚的目标,对工作状况的测定不力或者无法测定,较弱的内部沟通以及员工感到对其工作没有控制权显示机构效率问题所在。一位来自德国的被访者提到,对于公共部门来说,一个具体问题是"公共部门无法对关键人物给予成功带来的好处"。

　　对机构的彻底改变已经在许多国家得到尝试,部分是在尝试着改进内部文化。正如一些评论中指出的,由于紧张、疲劳和害怕,这种改进有时会起到反作用。一位美国被访者是机构多次重组的受害者,对人力成本进行抱怨,他评论说,"承担着责任的集体和个人决定其相应的工作表现。机构不过是纸上谈兵"。

　　在澳大利亚某机构中处在相似境况下的另一位被访者说:在环境领域,我们做再多的努力从来没有得到称赞,尽管达到了监管者标准,但我们仍持续面临着来自公众的批评,公众已经开始期望我们在所有天气、政治、经济条件下表现完美。虽然多样化的目标能够达到,但是每个目标达到完美就不太可能了。

　　在这些文化转变中,常常被要求是成功的。如亚洲某国家水务局的一位管理者这样谈到他的组织:在过去 10 年中经历了从一个政府资助服务机构完全转变到一种成本效率商业机构。在一个(国外援助)项目下机构重组对转型和提升工作表现水准有帮助。

　　这种特殊机构的重组是漫长的,且非常困难,这是因为受到发展中国家经济条件的限制。在西方援助国及他们的专家与亚洲接受援助者之间的巨大文化差异加剧了这种痛苦。仍然有许多国家和机构部分受启发于这样的经历,即由于文化或者政治原因,他们不能或者不愿屈从于这些变化。

4.2　讨论

有效率的工作定义就是"满足顾客的期望"。据调查,那些给客户提供最佳服务的机构有以下特点:

(1)简洁单一的结构,指令链条短,或许还有着方阵型的机构形式,并且可能权力分散;

(2)规模扩张中,或者至少不是在收缩中;

(3)灵活的管理风格,注重客户服务,且注重服务质量而不注重数量;

(4)员工可参与管理的风格,民主而非专制,有包容性,门户开放而非排外,且技术统治论者;

(5)高度的自主性,在政治环境中有强力进取的方法。

这样的特点最有可能出现在那些经济上更加成熟的国家中。发展中国家则更加有可能由于水污染控制机构的低效率而遭殃。来自发展中国家的一位国家水供给和排水当局的人士评论说:随着水务部门中发生的迅速变化,以及紧接着的社会、经济和对机构施加严格的外部限制,组织形式和功能不得不做出改变以适应变化的需求。这是现实情况,对一个发展中国家来讲它确实过于困难。

传统提高生产力的努力可能恶化了这些问题。提高生产力倾向于依赖一种理性的、广泛的方法论,这种方法论对工程思想意识有着强烈的特有的吸引力。另一方面,它严重地依赖于大量的数据收集过程,错误地归咎于真实世界的系统性,会产生难以达到的结果或者对它要服务的对象产生不利结果。被本身就有官僚特征的组织推动,提高生产力就会助长官僚作风。要改进城市用水管理制度,我们需要一种新的更加灵活的效率模式。

自由作答反馈者建议,这样的模式应该牢牢地建立在满足所有者利益和意愿上。在这个分析中三个不断出现的主题是明显的。第一,缺少对机构及其成员应当做什么的清晰认识是非常普遍的,并伴随着对非理性的或者不恰当的目标的恐惧。有些机构为达到这样的清晰认识做了很多努力,顶多只是有限的成功。第二,与外部所有者常常缺乏沟通,尽管存在许多机构和特别为此目的设计的网络。这个问题的症结似乎在于专业人员与被他们认为是门外汉的人之间的相互不理解和不信任。第三点,对这种观点几乎达成了普遍的认识,即一种良好的内部文化,以及开放式的交流和最少程度的官僚监督,对更加高效的服务是有益的。关于如何达到这种状态的一致看法是不存在的,而当大范围文化变革的努力有其支持者时,同样也会有大量的证据显示它们负面的甚至破坏性的效应,尤其是对向往的文化有此效应。

在做这项国际调查问卷研究的同时,作者也承担了一份对一个大型污染控制机构的文化和功能上的详细演变过程的研究工作,且这个污染控制机构的实质利益在其水务部门中。这项工作,已经在别处报告了(Holmes,1994,1996),识别出其带有官僚性质机构的某些潜在特点,这些特点限制了其水务管理的效率,而且揭示了一些其他选择性的组织策略,这些策略可能使它在不同情况下更加有效率。具有防御性的亦或具有侵略性的文化,宽泛亦或狭隘的视野,区分了这些策略的使用,如图 4.5 的未定性矩阵所示。

宽阔视野	官僚性策略: 功效测定效率; 谨慎的、限定规则的、考虑其所有者的	组织性策略: 增长标准测定效率; 积极的、决定性但不拘泥且倾向于忽略规则
狭窄视野	机械性策略: 产出测定效率; 对所有者来讲是谨慎的、狭窄而节省的	集中性策略: 目标达到测定效率; 对所有者来讲它是稳固的、坚决的且不宽容的
	防御性文化	侵略性文化

图 4.5　组织策略与类型的未定性矩阵

防御性文化中组织策略在运作环境中保护其成员不受敌对、资源稀缺和环境动荡的威胁。这些策略由一种小心的、审慎的、限定规则的方法刻画出来。侵略性的、扩张式的文化表现出机构寻求最大限度地利用他们的社会环境资源,甚至有以耗尽资源为代价的特点。官僚化倾向于使一种文化更加有防御性,同时权力则使它向侵略性文化一端移动。一种狭窄的视野使得机构活动集中于有可靠定义的目标上。反过来,一种宽泛的视野则允许对多种过程的投入多样化,而缺少集中思想专注于某单一目标。这代表以富裕和安定为基础的世界性策略。宽泛的和狭窄的视野间的区别并不在于机构的规模而是在于公认的投入多样性。在控制本性上很可能有差异,它在一种狭窄的视野下将会更加集中化控制,而在宽泛视野下则分散控制。

揭示出的四种策略类型:机械型的、官僚型的、集中型的和组织型的。它们适用于根本不同类型的目标和相应效率测定:

(1)机械型的策略对应于狭窄的视野和防御性的文化。对所有者来说它是谨慎、狭窄而节省的。其效率可以由其产出测定,如在单位时间内发放污染控制执照的数量。

(2)官僚型的策略也是防御型的,但视野宽泛。作为一种谨慎的、限定规则的但考虑其所有者的策略,它在不变的情形中处理日常事务办事程序上最为适用。这种类型策略的效率应该由其功效、生产产品所用资源的数量测定。这与带有官僚特征的机构所受的分布广泛的压力相符合,尤其是但也不仅是那些政府机构,要减少人力,或者在不增加人力的条件下生产更多的产品。

(3)集中型的策略,有着狭窄的视野和侵略性的文化,使它的注意力保持在一种单一的方法上。对所有者来说它是一种稳固的、坚决的且不宽容的,同时受到严格控制的策略。此处效率是通过总体上理性的目标来测定的,比如减少污染。

(4)组织型的策略是侵略性的且视野宽阔,它利用许多不同的机会。它以松散的或者更加分散的控制为特征。它有一种积极的、决定性但不拘泥的方法,且倾向于忽略规则的限制。这种策略的效率只能由增长和生存的标准评定。这是处理未知情况最好的策略,而且非常适用于优先权是去建立管理水务的能力,而不是去处理某种具体问题的情况。

4.3　结论

这份国际研究表明,对于实践中城市用水管理策略的选择可能会意外地受到环境中政治和组织因素的限制,换句话说,根本不用选择。机构类型和结构的某些特征可能被认为是更加合意的,但在地方性背景下完全做不到。这给先前提出的悖论提出了一种解决方法:对于改进水务部门机构的效率提出大量建议并没有任何错,只可惜在现实世界机构中难以执行。幸运的是,如果组织准备致力于辨别和做到他们最主要的所有者想要他们做的,他们就能提高效率而避免昂贵的价格和使组织发生分裂性变革的努力。未定性矩阵通过对缺乏清晰目标共有的关注揭示出来一种方法,无论是受拥护的还是使用中的目标,都或许不是错的,而只是不适用于使用中的组织策略。附带地,它也揭露了一种危险的精神分裂特征,即在一种紧密控制的集中化组织中设法去创新,或者在官僚机构中设法成为先驱者。如果机构的结构、类型和目标彼此之间相互协调且与所有者的愿望一致,那么机构的效率能够得到最大程度的提高。在可以剔除时,剔除掉官僚特征将会创造额外的利益。提升生产力的实践最重要的是需要认识到其他选择性策略的有效性并且去支持那些与地方情况最切合的策略。

致谢

　　作者非常感谢管理与事务问题国家水务协会专家组以及其他专家,包括他在香港政府环境保护部门的前任同僚,感谢他们在研究期间所提供的信息、想法和建议。

参考文献

Alaerts G J. 1996. Institutional arrangements for water pollution control, in: R. Helmer (Ed.) Water Pollution Control (London, Chapman & Hall).

Biswas A K. 1996. Capacity building for water management: some personal thoughts, Water Resources Development, 12(4), pp. 399 – 405.

Clarke K F. 1994. Sustainability and the water and environmental manager, Journal of the Institution of Water and Environmental Management, 8(1), pp. 1 – 9.

Cleveland W S & McGill R. 1984. The many faces of a scatterplot, Journal of the American Statistical Association, 79, pp. 829 – 836.

Halachmi A & Bouckaert G. 1994. Performance measurement, organizational technology and organizational design, Work Study, 43(3), pp. 19 – 25.

Hofstede G. 1991. Cultures and Organizations (London, McGraw – Hill).

Hofstede G. 1994. The business of international business is culture International Business Review,3(1), pp. 1 – 14.

Holmes P R. 1994. Bureaucracy and effectiveness in water pollution control, Water Science and Technology 30(5), pp. 111 – 120.

Holmes P R. 1996. Building capacity for environmental management in Hong Kong, International Journal of Water Resources Development, 12(4), pp. 461 – 472.

Johnstone D W M & Horan N J. 1994. Standards, costs and benefits: an international perspective, Journal of the Institution of Water and Environmental Management 8 (5), pp. 450 – 458.

Metcalf L. 1991. Public management: from imitation to innovation, Keynote Address, Conference of International Schools and Institutes of Administration.

Milburn T. 1996. Shaping the future of freshwater management, Water Quality International(January/February) pp. 14 – 15.

Mitchell B & Hollick M. 1993. Integrated catchment management in Western Australia: transition from concept to implementation, Environmental Management 17(6), pp. 735 – 743.

Posner B G & Rothstein L R. 1994. Reinventing the business of government, Harvard Business Review, (May – June) pp. 133 – 143.

Zeithaml V A, Berry L L & Parasuraman A. 1988. Communication and control processes in the delivery of service quality, Journal of Marketing, 52, pp. 35 – 48.

第 5 章 墨西哥水务工程环境评价

（CECILIA TORTAJADA 著）

墨西哥在许多方面都走在了大多数发展中国家甚至发达国家的前面，尤其是在水务工程建设数量、灌区成功转移以及非正式地下水市场发展等方面。然而，由于不当管理导致的自然环境的恶化并没有使大多数人的生活状况得到改善。据此，水利部门急切需要对规划和管理过程进行修改，其中包括要考虑环境和社会因素以及工程责任部门的期望。本章分析了墨西哥水务工程环境影响的评价（Environmental Impact Statement，EIS）。据分析，墨西哥水务工程环境影响评价难以满足工程评估的要求。环评报告虽然提出了一些方案，却没有对如何实施这些方案进行详细的陈述，也没有对方案进行合适的预算。不仅环评报告本身需要进行分析，整个工程立项过程都需要仔细地审查。报告应该明确指出整个过程的缺点，继而提出改正的方法。重点应在于建立流水线式的可执行过程。

5.1 墨西哥水工程简介

墨西哥建设灌溉工程数量在世界上排第七位，建有 130 座大型坝、1 200 座以上中型坝、1 090 座引水坝、77 000 口深井、68 000 km 渠道、47 000 km 排水道、54 000 km 公路。该国水利部门的一大成就是供水和净水设施的增长率超过人口增长率。此外，随着国家净水工程的建设，有望在未来 10 年内控制城市和农村地区霍乱的感染数量。用水的授权和废水排放的许可被明文规范。确立水权公示制度以保证水权的合法性，促进了水市场的建立。截至 1996 年，墨西哥政府（国家水利委员会，CNA）已将农村地区 330 万 hm^2 灌区的 86% 纳入联合管理之下。

在过去 70 年里，为调节降水和径流的年（季）际变化，墨西哥共建成了 1 270 座水库，总库容达到 1 500 亿 m^3。还建有 700 km 输送能力超过 36 m^3/s 的输水管，超过 7 000 万人从中受益。然而，直到 1995 年

（CNA,1997a），依然有超过 1 500 万人无法得到清洁的饮用水，还有
3 000万人没有卫生设施。另外，有 400 万 hm² 土地得不到灌溉，国家
70% 的水电潜能未开发。

开发新水源的代价在未来很可能比预想的要高出许多。一项由世
界银行对城市生活供水工程进行的调查指出，下一代工程提供的水每
立方米耗费将是现在的 1.75 倍，在许多情况下甚至是 3 倍。因此，未
来清洁水的单位耗费将比当前估计的要高很多。

为保证环境和自然资源不受在建和即将在建工程的破坏，环境影
响评价（EIA）相关的法规和其实施显得十分必要。1988 年，环境影响
评价在主要的发展项目上是被强制执行的。在更早的时候，联邦政府
的环境部门就为环境影响评价奠定了法律基础。一个环境卫生区域委
员会为环境影响评价设计了执行步骤，并于 1980 年被公共工程法所采
用（CNA,1996）。1980 年公共工程法、1982 年联邦环境保护法颁布后，
社会发展部为环境影响评估（Environmental Impact Statements，EIS）制
定了指导方针。1988 年通过了生态平衡和环境保护通则（以下简称
LGEEPA），并于 1996 年修订。截至 1992 年，已有大约 60 篇与水务工
程相关的环境影响报告（EIS）。

生态平衡和环境保护通则执行起来一直十分困难。导致该情况的
原因包括：高度的中央集权、环境专业知识的缺乏、对管理以及环境和
社会问题的漠视、缺乏清晰的管理过程、对需要环境影响报告的项目类
别不明确，缺乏公众参与等。因此，对于 LGEEPA 的修改主要涉及环
境影响评价，包括对它的监督和执行（SEMARNAP,1997）。例如，
LGEEPA 规定了需要由环境部门授权的工程类别和工程活动（SEMAR-
NAP）。工程类别包括水务工程，在湿地、礁湖、河流、河口以及沿海地
区修建的工程；需要授权的活动包括渔业、有可能危害公众健康或破坏
生态平衡的水产业和农业活动。LGEEPA 同时要求 EIS 应该评价工程
的有利和有害两方面的影响，而不是像以前一样只评价消极的方面。

根据生态平衡和环境保护通则，SEMARNAP 可以要求对可能影响
生态平衡或公众健康的活动进行环境评价，即使这些活动没有在
LGEEPA 中明确标识。该法令强调了任何工程，或任何可能影响环境

和自然资源的活动都必须在相关部门的授权下进行。这把环境影响评价与土地规划及人类活动联系起来。地方部门在规划城市发展和土地使用时,应该考虑到当地所有的工程和活动以便决策部门可以从环境角度全面地衡量。

最重要的是,LGEEPA 提出在进行环境评价时要有公众的参与。而在这条修订之前,公众参与仅仅意味着公众能够阅读环境评价报告。修订之后,公众可以对可能破坏环境或危害公共健康的工程进行讨论。依据法律,任何个人、社会组织、非政府组织或协会都可以就任何破坏环境和自然资源的行为向联邦环境保护律师处(PROFEPA)反映。对这些行为负责的组织和个人会被起诉。更多关于墨西哥 EIS 方针的信息,请参见 Tortajada(1999a)的文章。

5.2　墨西哥水务工程环境评估回顾

下面分析由墨西哥国家水利委员会(CNA)负责的对墨西哥水务工程进行的环境评价报告。这些评价包括环境影响评价(EIS)、环境诊断、土地规划生态学研究等(CNA,a – g;CNA,1989;CNA,1990,a – j;CNA/BANOBRAS,1990;CNA,1991,a – z;CNA,1992,a – j;CNA,1993,a – d;CNA,1997,b,c)。这些报告可以在 Tortajada(1999a, b)的文中找到。

新修订的 LGEEPA 确立了不同工程和活动的环境评价过程,以此改善这些工程和活动对环境的负面影响。环境影响报告(EIS)应该完成于工程或活动获批之前,其内容应该包括对负面影响和工程备选方案的评估。然而,并没有法令规定一旦环境影响报告(EIS)通过之后,其内容就一定要被实施。就目前的状况而言,环境影响报告(EIS)并不是环境管理的一项工具,而只是明确一项项目的文档而已。工程一旦立项,环境影响报告(EIS)就被归档,之后也不会被使用。环境影响报告(EIS)并没有提供一成不变的整治措施,也不能保证工程不会带来负面影响或者如何消除这些影响。由于没有环境影响后评估(post – EIA)之说,工程对于环境、社会和经济的实际影响也就无从得知。环境影响报告(EIS)是一个独立的项目,没有任何之前或之后的项目可以参考。任何由评估得到的研究结果只属于研究者。因此，CNA 在这方面的认识并未加强。除非是法律上的要求，一般仍然会被忽略，公众没有权利使用环境影响报告（EIS）。

LGEEPA 规定工程建成后必须重新评估，同时还建立了一套法律程序以起诉未遵守法案规定的负责人。然而，法律并没有提供任何强制手段使项目负责人有效地利用环境影响报告（EIS）或者对工程进行后评估。因此，评估工程的正面或负面影响，或者为后来者做借鉴，就无从谈起。只要项目开发者是像 CNA 一样的政府官方组织，这样的情况就不会有所改善。

报告中发现的主要问题会在下文中进行讨论。

5.2.1　环境研究过程

在墨西哥，环境影响报告（EIS）和环境诊断一直是由有关部门审查的，审查时不仅不考虑工程的环境和社会影响，也不管报告本身的质量。由于审查人员或者认为所有的工程对环境造成的影响都可以忽略，抑或是担心否定环境影响报告（EIS）会给自己带来失业的风险，他们总是例行公事般地通过所有的报告。一个普遍的观点是，工程修建后，会改善当地（进而是全国）的经济状况，同时提高当地居民的生活水平，外迁移民也就因此减少。整个评估过程变成了一纸空文，没有达到评估本身的目的，对于工程的总体影响、备选方案和整治措施都没有进行过深入的探讨。

由于缺乏维护，很多工程的基建设施在工程完全竣工之前就已经老化（CNA 1990j；CNA 1991 f，k，m，p，x，y）。从墨西哥水管理的历史可以看出，缺乏妥善的管理一直是政府的弱项。经济和工程因素已经不是衡量工程的首要条件。即使工程在技术上无懈可击，依然需要考虑其社会和环境因素来衡量工程是否是成功的。对于一个成功的水利工程来说，除了工程建设，其他也需要整体的管理。这点对于整治环境和提高人民生活水平十分重要。墨西哥政府历来的决策往往缺乏远见。

无论是环境诊断，还是环境评价都没有就工程对社会和环境潜在的积极影响及工程的负面效应展开分析。总的来说，报告一般注重于

"工程施工提高了当地居民的生活水平",而这点显然是所有工程的期望。农村地区一直以来都处于社会的边缘地带而不为决策者所重视,这就导致了更多人的极度贫困。除非政府开始重视这些问题,总体情况不会有所改善。

另外,环境诊断没有分析工程可能给当地居民带来的积极影响。环境诊断报告最多指出有"农业增产,社会经济水平提高",然而却未举出任何事实或数据来证实这些结论,也没有特别的例子来证明由于工程兴建使该地区的经济水平有所提高。环境诊断和 EIS 都不约而同地指出政府在修建大坝和渠道之后开辟灌溉区的目的是使农业增产,改善当地居民的生活方式,以及减少农村人口向美国移民。但是报告却从未指出这些灌溉工程是如何达到上述目的的。墨西哥已经开垦了上百万公顷的灌区,但却并未从根本上改变当地居民的经济状况,也没有减少向美国的移民。如果墨西哥的工程是基于上述目标的话,那么政策本身就值得质疑和修改了,因为很显然的是,墨西哥农村地区并未因为水利建设而得到发展。

有的环境影响报告(EIS)甚至是互相抄袭的,例如对 Los Reyes 和 Jesus Maria 两工程的环境评价便是这种情况(CNA,1991n,o)。两工程位于同一个州,而且两份环境影响报告(EIS)均出自同一公司。两份报告采用的分析方法、分析过程和整治措施是一致的,审查人员居然不怀疑两个不同的工程为何能采用同样的整治措施。令人怀疑的是,该公司仅仅是制作了两份一模一样的报告却冠以不同的名字,这是审查人员缺乏专业知识的例证。不仅报告没有对工程如何趋利避害提出建议,审查人员也对两份报告为何一致的问题不闻不问。这就是目前的状况。

在所有的报告中都提到了相同的问题,水质恶化便是其中之一。在所有的案例中,由于含油和微生物废水的排放,水质已经严重恶化。因此,根据现场调查结果,审查人员可以对水污染的现状和建立水质监测网的必要性有清楚的认识。这种基于现场调查而且包含了对墨西哥水利和农业政策总体诊断的环境评价,可以为决策者提供参考,以了解其制定的宏观政策对于国民的影响。例如,Tanquie,San Luis Potosi 的一处工程,由于来自政府方面的错误管理和用户及政府方面对农业和水利政策的错误理解,工程已经导致与预期完全相反的结果。农民没有从中受益,相反却失去了自己的土地,给当地经济和福利部门带来不小的负担。在这个例子里,工程顾问本可以就地方部门之间缺乏合作而导致农业部门受损的问题进行深入探讨。

可持续水管理的一个主要约束,无论是环境诊断,还是环境影响报告(EIS),都不能为决策者提供任何有效的信息或分析。出现这种情况应归咎于一系列的原因:私人顾问团体不愿意编制客观和批判性的报告;没有强制要求报告质量的相关立法;民间社会对于参与决策缺乏兴趣。

LGEEPA 的一个主要疏忽在于对环境诊断、环境影响报告的官方评价。该文指出,"(环境)部门在环境评价中,只应该考虑与工程活动有关的环境问题"。LGEEPA 没有阐明谁应该为工程的社会经济影响负责。这点是很危险的,因为从法律角度上讲,部门不能对工程进行评估。

5.2.2　报告的质量和数量

大多数环评报告质量十分低劣,存在数不清的语法和拼写错误。文档的标页通常都不一致。有的没有页码,有的从章开头处标页,有的页码在文章正文就消失了。报告内容通常十分肤浅,没有就任何问题进行详尽的分析。还有很多报告没有文档的摘要,有的甚至没有介绍。这就意味着决策人员需要通读上百页的文档,有时还会更多。而显然目前没有人会读完或者对报告作出任何认真的评价。至于工程和报告的目标,通常情况下都十分模糊而不精确。在一些报告里,工程的目标是"改善居民生活水平,粮食产量自给自足"。显然,单凭一个工程是无法达到这样的总体目标的。

所有报告都包含物理、生物和社会经济学三个方面的章节,但却没有从总体上进行分析以得到对工程影响的全面了解。所有的报告都采用了矩阵方法来说明工程潜在的影响,而且主要是采用 30 年前的 Leopold 矩阵。环境影响的章节都是描述性的。没有一篇报告对预测影响作出分析或讨论。很多诊断的质量十分低劣。不过,由于不含工程的数据资料,报告没有任何分析也就不奇怪了。而且,很多报告作出的"分析"也仅仅是:"影响是多方面的,既有积极的,也有消极的"。

在有的例子里,比如 La Fragua 工程环境诊断(CNA,1991m),报告质量太差,以至于根本没有任何用处。这种可悲而严重的情况应该由谁负责,是制作报告的单位,还是检查报告而没有提出修改意见的审查单位?

如果所有工程的影响大体都是一样的话,那么墨西哥相关机构就应该认识到这些问题,相关的维护和整治方案应一应俱全。例如,所有的环评报告和环境诊断报告都指出水质与土壤检测是必要的,但迄今为止还没有规范化的长期水质监测方案,更不用说具体措施了。人们意识到农用化学品的不当使用已经有 20 多年了,却依然没有合适的方案来治理。据全国或地区范围内估计农民需求和教育农民如何正确使用农用化学品这两方面,公有和私有农业部门之间没有达成共识。

CNA 于 1991 年进行了一项针对农业化学品的研究(CNA,1991e)。研究的主要目的是弄清农业化学品带来的负面影响,为减少负面影响和寻求更好的监测手段制定可靠的标准,以及为公共部门制定指南。该研究是基于现场调查的,调查项目包括工业和生活废水的排放及受纳水体的水质。研究过程中,还对农民进行了采访,对灌区进行实地考察,了解农业化学品的实际使用带来的正面和负面影响,还采访了农业化学品的销售商,等等。研究最终为农业化学品的管理提出如下建议:①对使用和管理农业化学品建立管理程序,包括安全措施;②对农民、工人及相关技术人员进行关于农业化学品和杀虫剂的培训;③对②中的人员进行如何储存的培训;④容器和杀虫剂残留物的处理;⑤保护水、土地和作物的策略。像这种认识问题并寻求解决方案的研究是十分必要的。

Canoas 工程的环境影响报告指出,当地的环境已经由于较早前的工程建设而恶化,但是,奇迹般地得出这样的结论:"未来将不会对环境造成负面影响,工程带来的经济和社会效益将提高当地的社会经济水平,减少移民率。"报告的建议包括化学肥料的适当使用、对昆虫和盐碱化的控制以及地区性的整体管理,等等。即使早期的工程已经对环境造成了危害,报告还是宣称新的工程不会有危害而没有解释原因。似乎环境影响报告的主要目的是表明工程对环境无消极影响,尽管事实上很大可能性是有影响的。当事机构和顾问都对保护环境没有兴趣,也没有完成各自的任务。而且,这些文章是在工程部分竣工时完成的,因此应该能够就工程对环境、社会已经产生的影响作出评估,并提出相应的改善方案。然而不幸的是,没有对工程的正反面或者长短期影响进行深层的分析。

以 Tanquien 工程为例,工程还未竣工就已经对环境造成了永久性的影响,破坏了当地的动植物群落,土壤遭到侵蚀。与其他的评估报告不同,这次的报告在灌区进行了一些调查。大多数的农民表示理解工程建设的重要性,也愿意配合工程的建设和维护工作,然而他们之间依然有严重的分歧。如果民众对工程建设的意见存在明显分歧的话,那么工程的目标就没能达到。诊断应该将这个重要议题包括在内,以便能提出相应的举措。

有时,诊断和评论是由一组人员作出的。Las Burras 工程评估报告的引言部分与另一份由相同人员做的报告的引言部分一模一样。不过,这份报告是为数不多的对建设提出备选方案的报告之一。该报告没有提到不同的方案是否会对环境产生不同的影响。

墨西哥国内工程的一个重要问题是基建设施缺乏良好的维护,这会加剧运河、排水系统和道路状况的恶化,其他的问题还有水草的过度生长、农业化学品滥用带来的公共健康状况恶化等。工程带来的工作是短期性的,而参加建设的人口通常生活贫困。报告却认定当地的经济水平会随着工程的建设而得到提高,但都没有证明这为何以及如何会得以实现。由于维护不当,基础设施老化,这不可能使人民摆脱贫困。如果报告能够对以前失败的例子进行认真分析的话,兴许还可能避免此类情况的再次发生。

有的报告指出:"工程不会对环境造成显著的影响,而且为整治措施筹措了资金。"筹措资金决不是墨西哥式的做法,这对环境不会有所改善。先进的规划、管理、经营和培训对于工程的可持续性是基本要求,但在墨西哥却没有得到应有的重视。

5.2.3　社会和环境问题

墨西哥有与环境相关的立法和机构。修编后的 LGEEPA 强调了工程建设过程和运行中保护环境及自然资源的重要性,但是事实却截然不同。没有任何环境研究或工程环境评价报告对与工程有关的环境问题进行过深入的分析,负责环境保护的部门也没有做好自己的本职工作。

所有 EIS/环境诊断报告都应用专门的章节讨论工程造成的社会影响。讨论内容应包含教育、公共健康等相关社会问题的信息,目的是说明工程建设前的社会状况,回顾当地人口的生活条件和质量,以确定工程应带来的积极影响。目前的报告仅提供了关于人口和教育方面的,没有任何逻辑框架的零星描述。读者无法从中获知当地社区的情况,以及他们的需求是什么,如何来满足他们的需求。这使得决策者无法根据这样的报告作出任何决定。

关于环境和社会问题的章节对于当前情况及当地人口的需求,或者是工程项目对于改善生活水平的重要性,以及采取的工程整治措施,如何消除负面影响以满足其持续性要求等方面的描述不够清楚,环境状况也只是描述成其他的问题。对于生态系统,则是长篇累牍的介绍,而没有这些概念的理论框架或者参考文献。至于概念如何与工程本身联系,以及工程的社会经济影响,均没有任何分析。

有一些报告(如 Zocoteaca, Huajuapan de Leon, Rio Verde)指出,由于"当地的环境已经恶化,新的工程不会造成更多的负面影响"。研究基本上是推断出了"情况已经很差以至于不可能变得更差",因此未来的任何影响都可以忽略了。很显然,这样的说法是完全错误的,环境总是可能变得更差。无论在何种情况下,这种对于工程产生消极影响的判断都是无法接受的。这种例行公事般地通过任何报告的现象暴露了审查者的不称职,管理高层对于这样有缺陷的环评过程缺乏了解。

根据所有报告所言,工程的影响大体上都是正面的。这样的分析采用了非常狭隘的方法,主要集中在工程兴建过程创造的直接或间接工作岗位方面上。移民补偿问题只是一笔带过。除非非常彻底和仔细地阅读报告,否则很难发现移民搬迁是一个重要的问题。关于移民安置通常只有一段话,而且明显被认为是不重要的。据此推断,对于分析家和政府部门来说,移民搬迁和相应的补偿措施都不是一个问题。这十分令人吃惊,尤其在当前,移民搬迁被证明是大坝建设最重要的社会和环境问题。

5.2.4 整治措施

法律规定,整治措施必须要改善工程的负面影响。然而,无论被评估的工程类别如何,报告提出的整治措施都十分笼统和相似。所有报告提出的整治措施,无一例外地都可以用一个活动的"详细清单"来描述。没有指出措施中孰轻孰重,也没有指出实施这些方案的潜在成本。一般地,只有植树造林和水质问题得到了报告的关注,其他的问题不是被忽略,就是被一笔带过。

某一类相似的工程的整治措施可能是类似的,但是整个国家所有种类的工程整治措施是不可能一致的。令人惊奇的是,报告提出的整治方案没有指明是针对何种工程。例如,对于某个位于北方的工程,由于独特的水文气候和土壤特征,以及当地居民特定的文化和社会传统,整治措施一定与在技术、社会、环境和经济条件上完全不同的南方工程差异甚大。对报告深层次的分析可以发现,分析家和相应的政府部门认为整个国家都是相似的,因此补救措施也是相似的。

正确的整治措施应该包括:对水质和土壤的监测以防止来自农业区回流的污染物;农业化学品的管理程序;限制使用农业化学品的规章;重新植树造林;对公众进行公共健康的宣传;对灌区进行有效管理,以防止盐化和涝灾。

工程一般是由政府以工程预期的积极影响为目的而批准的。但是,没有一篇环境诊断或环境影响报告提到工程的预期或实际效益是否大于工程可能造成的破坏。由于目前没有整治措施或没有完全实行,也没有被怀疑,这些破坏很有可能发生。即使整治方案对于考虑的工程是最合适的,CNA 和 INE(SEMARNAP)通过了环评报告也不意味着通过了整治工程的财政预算。

墨西哥有一套运行了 40 年的水质监测网(Biswas et al., 1997; Ongley & Barrios,1997)。整治措施通常要求对可能受污染的水体进行监测。然而,分析家们忽略了已经有了一个这样的网络、网络对于工程的有用性、网络的缺点,以及如何克服这些缺点的措施;有的工程甚至包含了测定水质的成本。至于如何对特定地点进行临时水质监测,以及如何改进这样的监测网络,则没有任何分析。主要的看法似乎是,水质会恶化,因此需要监测。在何地何时,由何人观测何种指标,则没有考虑,也没有预估监测的真正成本。如果缺乏这样确定性的分析,像水质需要监测这样笼统的建议对于决策者来说是毫无用处的。

5.3　结论

墨西哥现今面临着重大的挑战,其中包括 1990 年以来人口以高于 GDP 增长率的速率增长、缺乏投资、环境的持续恶化等。这些问题使得发展举步维艰。由于不断恶化的水质和日益减少的水量,水的可用性已严重受限。

墨西哥的环境影响评价依然是很乏力的政策工具。对于水利工程的 EIS,一般而言是描述性而非分析性和预见性的,提出的整治方案也只是概括性的原则而没有被特定的分析和发现所支撑。报告的描述没有包含任何监测程序以检验预测和促进影响管理,同时缺乏对社会和环境的详细分析,工程缺乏公众的参与和介入。水利工程环境影响报告糟糕的质量代表了工程评价的局限性,没有为实施方案做必要的制度上的准备,方案的预算也没有计入财政预算内。因此,不仅报告需要仔细地审查,整个准备过程都应该批判性地分析。分析应该明确指出过程的缺点,然后指出如何克服这些缺点以保证水利工程的可持续性。重点应在于建立流水线式的可执行的过程。

墨西哥水资源规划管理的可持续性发展与对法律和制度框架的全面分析是分不开的。地区性发展无疑会取决于对政策法规自相矛盾之处的修改。此外,还应考虑其他重要因素,包括排除集中制、各行业专家的参与等,这有助于在整体上管理国家的水资源。

参考文献

Biswas A K, Barrios－Ordoñez, E & Garcia Cabrera, J. 1997. Development of a framework for water quality monitoring in México, Water International, 22, pp. 179 – 185.

Castelán, E. 2000. Análisis y Perspectiva del recurso Hídrico en México (México City, Third World Centre for Water Management), 98 pp.

CNA (no date a) Sistema Cutzamala, Ramal Norte Macrocircuito, I Etapa, Gerencia de Aguas del Valle de México, Unidad de Información y Participación Ciudadana, México, 8 pp.

CNA (no date b) Sistema Cutzamala, Ramal Norte Macrocircuito, II Etapa, Gerencia de Aguas del Valle de México, Unidad de Información y Participación Ciudadana México, 8 pp.

CNA (no date c) Sistema Cutzamala, Ramal Norte Macrocircuito, III Etapa, Gerencia de Aguas del Valle de México, Unidad de lnformación y Participación Ciudadana, México, 8 pp.

CNA (no date d) Environmental Diagnosis on the Project to enlarge Irrigation District No. 89 'El Carmen" in the Ejido Progreso, Chihuahua. México, 95 pp.

CNA (no date e) Estudio de lmpacto Ambiental en la Modalidad General del Proyecto de Obras de Ampliación del Distrito de Riego No. 89 'El Carmen" en el Ejido Progreso, Chihuahua, México, 95 pp.

CNA (no date f) Diagnóstico de Impacto Ambiental del Proyecto de Infraestructura Hidráulica "Bocana del Tecotote´, Guerrero, México, 61 pp.

CNA. no date g. Manifestación de Impacto Ambiental del Proyecto de Riego Aguacatal, México, 197 pp.

CNA. 1989. Estudio de Impacto Ambiental del Proyecto Presa de Almacenamiento "El Cuchillo" y Acueducto de Oriente "China – General Bravo – Cadereyta – Monterrey´, México, 200 pp.

CNA. 1990a. Diagnóstico Ambiental del Proyecto de Infraestructura Hidroagricola Laguna de Zumpango, Estado de México, México, 135 pp.

CNA. 1990b. Diagnóstico de Impacto Ambiental del Proyecto de Infraestructura Hidroagricola Ampliación Delicias, México, 145 pp.

CNA. 1990c. Diagnóstico de Impacto Ambiental del Proyecto de Infraestructura Hidroagricola La Bego ñ a, Guanajuato, México, 59 pp.

CNA. 1990d. Diagnóstico de Impacto Ambiental del Proyecto de Infraestructura Cupatitzio – Tepalcatepec, Michoacán – Jalisco, México, 79 pp.

CNA. 1990e. Diagnóstico de Impacto Ambiental del Proyecto Zona de Riego Coahuayana, Colima – Michoacán, México, 82 pp.

CNA. 1990f. Diagnóstico de Impacto Ambiental del Proyecto de Reuso de Aguas Residuales en La Paz, Baja California, México, 100 pp.

CNA. 1990g. Diagnóstico Ambiental del Proyecto de lnfraestructura Hidroagricola El Yaqui, Sonora. Informe Final México, 72 pp.

CNA. 1990h. Diagnóstico Ambiental del Proyecto de Infraestructura Hidroagricola Baluarte Presidio, Estado de Sinaloa, México, 119 pp.

CNA. 1990i. Diagnóstico de Impacto Ambiental del Proyecto de Infraestructura Hidroagricola Ajacuba, Hidalgo, México, 87 pp.

CNA. 1990j. Diagnóstico Ambiental del Proyecto Hidroagricola San Lorenzo – Culiacan – Humaya, México, 88 pp.

CNA/BANOBRAS. 1990. Diagnóstico Ambiental del Proyecto de Infraestructura Hidroagricola Río Pajaritos. Oaxaca, México, 103 pp.

CNA. 1991a. Diagnóstico de Impacto Ambiental del Proyecto de Infraestructura Hidroagricola Zocoteaca, Oaxaca. México, 121 pp.

CNA. 1991b. Manifestación de Impacto Ambiental Modalidad General del Proyecto 'Bajo Usumacinta Campeche – Tabasco´, México, 76 pp

CNA. 1991c. Diagnóstico de Impacto Ambiental del Proyecto de Infraestructura Hidráulica Toma Complementaria Endhó, Hidalgo, México, 99 pp.

CNA. 1991ch. Diagnóstico Ambiental del Proyecto 'Reutilización de Aguas Residuales de Huajuapan de León´, Oaxaca, México, 67 pp.

CNA . 1991d. Manifestación de Impacto Ambiental (Modalidad General) del Proyecto de Drenaje San Miguel Temapache, Veracruz, México, 91 pp.

CNA . 1991e. Estudio para la Reducción del Impacto Ambiental en el Manejo y Aplicación de Agroquimicos, México, 113 pp.

CNA . 1991f. Diagnóstico de Impacto Ambiental del Proyecto Distrito de Riego Cubiri, Sinaloa, México, 84 pp.

CNA . 1991g. Manifestación de Impacto Ambiental (Modalidad General) del Proyecto Tecnificación de Temporal Llanos – Guadalupe Victoria, Durango, México, 113 pp.

CNA . 1991h. Evaluación de Impacto Ambiental (Modalidad General) del proyecto del Distrito de Riego Bajo Alfajayucan, Hidalgo, México, 116 pp.

CNA . 1991i. Diagnóstico Ambiental del Proyecto de Infraestructura Hidroagricola Rio

Verde, Oaxaca, México, 193 pp.

CNA . 1991j. Diagnóstico de Impacto Arnbiental del Proyecto de Infraestructura Hidráulica Hermenegildo Galeana´, Guerrero – Michoacán. Informe Final, México, 139 pp.

CNA . 1991k. Diagnóstico de Impacto Ambiental del Proyecto de Infraestructura Hidráulica El Grullo, Jalisco,. México, 153 pp.

CNA . 1991l. Diagnóstico de Impacto Ambiental del Proyecto de Infraestructura Hidráulica La Pólvora, Jalisco, México, 114 pp.

CNA . 199111. Diagnóstico de Impacto Ambiental del Proyecto de Infraestructura Garabatos, Jalisco, México, 78 pp.

CNA . 1991m. Diagnóstico de Impacto Ambiental del Proyecto de Infraestructura Hidroagricola La Fragua, Coahuila, México, 94 pp.

CNA . 1991n. Diagnóstico de Impacto Ambiental del Proyecto de lnfraestructura Hidroagricola Jesús Maria, Guanajuato, México, 132 pp.

CNA . 1991ñ. Diagnostico de Impacto Ambiental del Proyecto de lnfraestructura Hidroagricola Canoas, México, 130 pp.

CNA . 1991o. Diagnóstico de Impacto Ambiental del Proyecto de Infraestructura Hidráulica Los Reyes. Guanajuato, México, 114 pp.

CNA . 1991p. Diagnóstico Ambiental del Proyecto de Infraestructura Hidroagricola Tanquién, San Luis Potosi, México, 135 pp.

CNA . 1991q. Manifestación de Impacto Ambiental del Proyecto de Infraestructura Hidroagricola Tablón de Primavera, Oaxaca, México, 129 pp.

CNA . 1991r. Diagnóstico de Impacto Ambiental del Proyecto de Infraestructura Hidráulica Las Burras, Estado de México, México, 143 pp.

CNA . 1991s. Diagnóstico de Impacto Ambiental del Proyecto de Infraestructura Hidráulica El Xhoto, Hidalgo, México, 153 pp.

CNA . 1991t. Diagnóstico de Impacto Ambiental del Proyecto de Infraestructura Hidráulica Pantepec – Vinzaco, Veracruz, México, 118 pp.

CNA . 1991u. Diagnóstico de Impacto Ambiental de Proyecto de Infraestructura Hecelchakan, Campeche, México, 181 pp.

CNA . 1991v. Diagnóstico Ambiental de Proyecto de Infraestructura Hidráulica Elota – Piaxta, México, 140 pp.

CNA . 1991x. Diagnóstico Ambiental del Proyecto Hidroagricola del Rio Sinaloa, Sinaloa, México, 151 pp.

CNA . 1991y. Manifestacion de Impacto Ambiental del Proyecto'Babisas (Las Burras) Chihuahua', Modalidad General, México, 130 pp.

CNA . 1991z. Evaluación de Impacto Ambiental (Modalidad General) del proyecto de Riego Baluarte Presidio, Sinaloa, México, 264 pp.

CNA . 1992a. Diagnóstico de Impacto Ambiental del Proyecto de Infraestructura Hidráulica Puente Nacional, Veracruz (Modalidad General), México, 72 pp.

CNA 1992b. Ordenamiento Ecológico del Estado de Chiapas, Gran Visión, Anexo Metodológico y Car – tográfico, México, 116 pp.

CNA . 1992c. Ordenamiento Ecológico en el Estado de Sinaloa, México, 233 pp.

CNA . 1992d. Manifestación del Impacto Ambiental, Modalidad Especifica, Proyecto Hidroagricola Huites, Sonora – Sinaloa, Tomo I, México, 266 pp.

CNA . 1992e. Diagnóstico de Impacto Ambiental del Proyecto de Infraestructura Hidroagricola 'Matazaguas', Chihuahua, México, 113 pp.

CNA . 1992f. Diagnóstico de Impacto Ambiental del Proyecto de Infraestructura Hidroagricola Santiago Bayacora, Durango, México, 94 pp.

CNA . 1992g. Diagnóstico Ambiental del Proyecto de Infraestructura Hidroagricola Los Carros – Cayehuacan, Morelos, México, 101 pp.

CNA . 1992h. Diagnóstico Ambiental del Proyecto de Infraestructura Hidroagricola Oriente de Yucatán, Yucatán, México, 167 pp.

CNA . 1992i. Diagnóstico de Impacto Ambiental del Proyecto de Infraestructura Hidroagricola La Fragua, Coahuila, México, 297 pp.

CNA . 1993a. Estudio Hidrodinámico del Complejo Lagunar Teacapan – Agua Brava, Nayarit, México, 127 pp.

CNA . 1993b. Estudio Hidrobiológico de la Laguna de Chacahua – La Pastoria, Oaxaca. Informe Final, México, 221 pp.

CNA . 1993c. Diagnóstico Ambiental del Proyecto de Temporal Tecnificado 'Pujal – Coy II Fase,', S. L. P. y Tamps. , México, 72 pp.

CNA . 1993d. Estudio Hidrodinamico de Las Bahias Guadalupana y Concepción (Bahia de Ceuta), Sinaloa, México, 85 pp.

CNA . 1996. Curso Taller de Seguimiento Ambiental, Nivel Regional, México, 150 pp.

CNA . 1997a. Situación del Subsector Agua Potable, Alcantarillado y Saneamiento a diciembre de 1995, México, 155 pp.

CNA . 1997b. Diagnóstico Ambiental de las Etapas I, II y III del Sistema Cutzamala, México, 156 pp.

CNA . 1997c. Manifestación de Impacto Ambiental Modalidad Especifica del Proyecto Macrocircuito Cutza – mala, México, 173 pp.

Ongley E & Barrios, E. 1997. Redesign and modernization of the Mexican water quality monitoring network, Water International, 22, pp. 187 – 194.

SEMARNAP 1997 Ley General del Equilibrio Ecológico y Protección al Ambiente, Delitos Ambientales [ISBN – 968 – 817 – 385 – 1] (México, SEMARNAP), 205 pp.

Tortajada C. 1999a. Approaches to environmental sustainability for water resources management: a case study of México, licentiate thesis, Division of Hydraulic Engineering, Department of Civil and Environmental Engineering, Royal Institute of Technology, Sweden, 225 pp.

Tortajada C. 1999b. Water supply and distribution in the metropolitan area of México City: a case study, in: Urban Water Management in the 21st Century (Tokyo, UN-UP in press).

World Bank . 1999. World Development Report 1998 – 1999 (New York, Oxford University Press), 251 pp.

第6章 圣保罗都市地区发展进程: 社会与环境的相互矛盾和发展

(STELA GOLDENSTEIN 著)

本章阐述了发展中国家在经济以及城市发展历程中所经历的各种矛盾。圣保罗综合展现了这些矛盾,当与社会不公正性联系起来的时候,圣保罗作为一个很好的例子阐释了人们对于环境的破坏程度。

6.1 圣保罗城简介

在巴西南部,伴随着一系列显著的中央集权化决策、经济和人口的快速增长,对基础设施、国土管理以及其他具有公共重要性的重要问题的投资都以一种中央集权及技术至上思维的方式所决定。这些综合因素导致了决策者之间充分计划以及意见整合的缺乏,从而使得个体的需求掩盖了公众的需求。城市化的进程,并不是通往高收入高福利的台阶,取而代之的是相当大的不公正,以及对社会和环境的灾难。

有很多这样的例子,大城市缺乏基础设施,从而有着明显的社会不公平。收入低的那部分民众通常不得不以一种面对面的方式经历更为严重的环境问题。然而,圣保罗城的情况更为惊人,环境问题已经危害了经济发展。这大概只是环境问题危害发展的案例之一。那些曾经因为发展而被破坏的环境条件,现今可能甚至还会进一步的发展。这或许就是最近观察到的推动水资源管理方面变化的动力。

圣保罗城市地区位于铁特河(Tiete)流域上游,由 38 个自治区组成,拥有 1 800 万人口(占该城市总人口的 60%,巴西人口的 11%),贡献了巴西城市国民生产总值的 50%。城市地区延伸超过了 Tiete 河高地的界限,由 Campinas、Baixada Santista 和圣保罗的城市化地区组成一个简单的网络。这些地区共享并竞争同样的水资源,而没有计划的开发导致其负担日益加重,情况恶化。

　　人口和经济的增长速度在过去的 10 年已开始呈下降趋势。尽管经济权力的去集权化在最初将导致失业和城市危机,但是毫无疑问这是必要的。有证据显示,难以想象的困难生活条件,如同城市基础设施不足一样,加速了城市化地区工作机会的减少。

　　在无数复杂的地区问题中,水资源问题无疑是其中最具代表性的问题之一。我们可以观察到大范围的问题,而所有这些问题都来源于水资源的不当管理:洪水,过度污染,私人和公共部门如何分配水资源使用的争论,诸如此类。在所有这些问题中,最严重的就是水生产区域的退化,也就是水源;而这主要是由低收益的都市化扩张引起的。需要强调这样一个观点,就是在数十年的公共投资之后,最主要的挑战并不是经济,而是与此相关的管理模式。对水资源的数量和质量最大的威胁来源于规划以及公共和私人策略整合的缺乏。

　　由于政府在加强对工业和房地产方面利益管理的无能,无法满足社会对基础设施的需求,尤其是无法满足那些没有特权群体的要求。公众的长期需求和私人部门的直接要求促使了土地使用的发展以及水资源问题的出现。在 38 个自治区中,没有一个完整的政策来管理固体污染,从而导致无秩序的处理以及不受控的侵蚀;尽管周边市并不依靠基础设施,但是每年的特大洪水仍然带来了大量的沉积物。排放政策的低效以及污染的不受控使得河流携带了大量的排放物以及污染物。

　　与城市扩张有关的环境问题完全被忽视。如今都市面积急剧的、无组织的扩张所带来的后果就是出现最严重的水资源质量以及可用性问题。毋庸置疑,公共以及私人部门必须彻底改变他们的态度。传统的策略、非强迫性的土地使用管理、未经适当改进的进口技术、决策的中央集权化机制以及部门分离的策略,都是引起目前地区面临严重问题的原因。

　　由于土地价格,政府预算的减少,或者总的来说,由于圣保罗都市地区陷入城市混乱,通过征用整个水资源流域的传统保护方法已经不再可行,比如一些公众设施在以前曾被作为小的蓄水池。相反地,城市地区的逆转也不再可行,因为那些本该被保留下来的地区已经被完全的加固。恢复那些地区 20 世纪 70 年代的自然状况,如同重新分置当地不规则人口一样需要巨额开销。

6.2 圣保罗城市化地区的形成

1930 年圣保罗地区城市的巩固合并是整个巴西工业化进程的开端。公共政策导致了工业和人口的集中,鼓励了移民运动以及经济资源从咖啡豆种植向工业活动的转变。地域按照城市与工业的侧重而划分,从而造成了对自然资源的压力。现在很难区分公共政策与房地产部门需求的区别。在 20 世纪 30 年代至 70 年代,由于大量牧场的存在、丰富的水源和船运的优势,工业和城市化地区沿着铁路及后来的高速公路在 Tiete 河的上游发展。周边地区也被用来发展工业和作为居民区的郊区。

从 20 世纪 30 年代以来的几十年中,地方以及国外贷款大量用于公共投资领域,为生产进程提供了必需的基础设施。诸如公路、能源、水利和交通。整个经济以公共投资为基础。然而,在社会需求或者民众需求基础设施方面并没有得到足够的投资,比如地方水供应、下水道系统及治理、城市排水设施。值得指出的是,这一系列问题并不是因缺少财政资源造成,而是由错误的投资方向导致的。

排水项目是以房地产业扩张占有土地为目的而产生的。几十年来,建造大坝以用来发电而不是治理污染以及控制洪水。周边地区低级都市模式加速增长,并在所有方向展开。1930 ~ 1960 年,城市地区经历了 9 倍的增长,而 1974 ~ 1980 年,城市地区增长了 46.2%。

20 世纪 60 年代到 70 年代,由于主要的社会分歧变得更为严重,导致了住宅、交通、公共卫生、休闲区域的缺乏,空气、水和土壤受到废弃物的严重污染,以及因此而引起的大部分人口生活质量加速恶化,对于房屋的需求变得更加紧迫。经历了无组织的土地占有,一些水源生产地受到严重影响。在仅仅几十年间经历了几乎排外的农村人口到城市化指数高达 95% 的剧烈转变,以及大部分国家经济活动集中在一个有限领域中,导致了闻所未闻的人口集中。

此外,在部门之间政策整合性的缺乏,如同公共利益与私人利益协调的缺乏一样,潜在的对水的利用想法不同而产生了矛盾,从而导致洪水、污染、自然地域的损耗、基础网络设施的无组织化以及淤积,等等。传统的做法是,政府部门为确保供水项目,主要把预算投入到流域工程、储存、治理以及分配上。即使是最近在这些区域受到明显威胁时所开展的项目,也没有分配财政资源去保护它。政府采取的孤立举措严重地影响到了这些地区。环境政策要为保护那些有利于水资源保持的地区负责,这是一个常识。然而,这个概念并没有被考虑进来,以至于预算和环境策略的能力都被削减了。

与此同时,住房、交通以及城市的发展政策都朝着有效利用那些原来预期被保存下来的地区方向发展。所以,工业互相对立的两极都被发展了,导致了城区扩张朝向了蓄水地区。1949~1962年,城市化地区的面积几乎翻倍。

20世纪70年代,为了解决由于人口无约束增长所带来的问题,采用了法律手段(如城市发展综合计划以及水资源保护法(1975年)),接近54%的城市周边地区都被当做受保护的流域补充地区。然而,这样做并没有有效地保护土地,反而导致了公共供应所需流域地区的减少。这个保护机制的失败可以归结为一系列多样且复杂的因素。公共政策之间的模糊以及由于放弃整合计划所带来的土地计划都影响重大,并且导致了促进无组织扩张的矛盾举措。

在历史上,并没有行政上、经济上或者税务上的举措来加强水资源管理和促使水资源管理功效的提高。普通的免责允许了政治和行政机构参与到不规范的土地划分以及与其相关的侵入。然而事实上,尖锐的社会差距产生了低质量的城市空间,以及随之而来的环境问题。

20世纪80年代,危机加大。特别是经济增长速率减小、公共投资降到低水平:在巴西,这被称为"失落的十年"。整个20世纪90年代,移民到城市地区的居民数量减少。可供选择的雇佣中心在州乡村地方兴起,如同在巴西的其他地方一样。然而,侵占水资源地区的过程并没有停止。由于巴西所经历的社会不平衡的加剧,人口从城市的中心地区移民到更为贫穷的郊区加重了这种状况。

那些在1975年的城市规划中被保留下来产生水资源的地区由于

住房政策的缺乏都被广泛的入侵。贫穷产生了分隔的都市地区,对于低收入的家庭而言,贫困的地区没有城市基础设施。

为了解环境问题的后果,必须要知道这些发源于圣保罗周边地区社会问题的恶化:在超过 15 岁的人群里文盲比例为 7.8%;儿童出生的死亡率达到了 2.7%(1997 年数据)。水问题也同样来源于这些社会、经济以及政治问题。

水库周边迅速的城市化发展显现出土地使用及占有的巨大转变。依靠随意的区域侵占、不规则的住房增长、对保护区的侵犯和在不适合居住的地方建贫民区(例如,地势低平的河岸、峡谷低处易受洪水侵害的地方或山崩频发的山腰),城市规划的形成过程非常混乱。

当前在水库周边地区居住着不计其数的低收入人群。这些地区并不享有基本的卫生保障系统,直接导致了不经处理的废水倾入河道、固体废物的不当处理等与饮用水保护相悖的活动发生。地表水的退化和污染加上水资源的持续开采导致了地表水与地下水储量的减少,影响了供水质量。

大都市地区的水源来自于流域的上游地区,接近铁特河(Tiete)河源并且延伸到帕拉伊巴河(Paraiba)和茹基亚河(Juquia)的上游,它们正受到不恰当开发、品质退化、污水污染和水补充区减退的危害。当前,大都市的水资源有消耗殆尽的趋势,优良品质的水是从别的流域引进的,而污水又回流回来。

6.3 供水、排污系统和工业负荷

铁特河(Tiete)流域上游地表水径流量有 89 m³/s。尽管这看起来不少,但是大都市的城市和工业污水处理回流占其中大部分,只有 26.2 m³/s 可用于公共供给。这些水以洪水和污水的形式出现,不能用于饮用。

20 世纪 70 年代以来,邻近的流域带来了流量为 32.8 m³/s 的水,使平均饮用水量总共达到了 59 m³/s。这个 70 年代技术统治论的抉择并没有考虑到邻近地区的社会和经济需求,供水和工业用水缺乏使这些地区的发展受阻。然而,在当前的水分配网络中仍有将近 30% 的水被浪费。从 1999 年以来,在铁特河(Tiete)流域上游大都市地区水配给已经普遍化。

1990 年铁特河(Tiete)流域上游每天有约 1 100 t 的有机物下泄。其中 30% 的污染负荷来自工业生产,同时每天也带来了 4.8 t 污染河流的金属、氟化物和氰化物等无机污染物。1998 年,家庭污水收集系统承担了圣保罗城市地区近 80% 的污水收集。但是收集的污水只有 40% 进入了水处理厂(处理厂的实际容量是污水总量的 65%),而剩余的则直接流入了河道。

今后,约需要 5 亿美元来完成水供给网络的建设和 40 亿美元来完成废水处理厂的建设。水生产和卫生需求的成本正在增长,尽管污水收集和处理的投资力度很大。

最近的研究突出了一项以往被系统忽视的问题。包括圣保罗地区的所有巴西地区的污水系统,流淌着居民各自排污中的软水和工业排放的污水。然而,由于不计其数的污染排放机构,非点源污染负荷沿着流域地区的扩散十分显著。而且污水还会流入主要水体,特别是降雨的时期。

1999 年,家庭污水收集系统负责圣保罗城市地区 83% 的水污染收集。但是收集的污水只有 60% 进入了水处理厂(处理厂的实际容量是污水总量的 65%),而剩余的则直接流入了河道。

6.4　20 世纪 90 年代解决问题的应用策略

鉴于当前问题和民主化进程的支持,在 20 世纪 90 年代圣保罗州开始转变它的传统策略制定方式。经过长期的讨论后,在 1991 年颁布了新的水资源保护法,派生了所谓的水资源综合管理系统。新采用的法规将决策权下放到了地方,每个流域都是一个独立的规划单位。根据法规,水资源规划必须在资金所有者的参与和各种社会机构的整合下进行。

由此,水资源管理发生了一些最基本的转变。市政当局技术人员、非政府组织代表和普通商人组成了水资源委员会,以讨论相关政策的制定及水资源规划的编制和执行。除此之外,基于详细的技术资料数据,资金以特别基金的形式得以合理分配。水问题已经成为了一个公共议题,被非政府组织、市政厅、专业机构、各种资金所有者、各类出版物和流行杂志等广泛关注。

本州有 20 个水资源委员会,其中一个位于大都市地区铁特河(Tiete)流域上游。这个委员会非常有能动性。很容易就描绘出一幅有代表性的理事会讨论水问题的图景,但是在一个 1 600 万人口的城市里实施起来就不那么简单了。首都委员会包括 5 个下级机构,所以决策的制定十分复杂。每个下级机构都要结合当地和整体观点及公共部门和个人意见做出一致决定,而且这些过程必须公正地进行,可以说这个过程才刚刚开始。但选举资金所有者的过程,以及委员会和其下级机构的讨论增加了社会公信度,还促使各个层面产生了更明智的抉择。开始讨论的一个最有力的手段是水补充,也就是一种规划的手段。相应的法规已经编制完成,现正在等待批准实施。

至此,问题的解决已有些眉目,但明显没有完全解决。制度建设的过程已经十分完善,然而我们还不能说政策的制定已经完全服从于民主了。

与此同时,存在着保护下游地区的持续挑战,这些地区已经受到前面提及的城市化进程的严重影响。根据现行法律,公共水供应有着最高优先权,而且所有活动都要与环境方针相结合,除此之外,把污水排入水体是明令禁止的。无论如何,争论还是存在的:一方面是房地产业急迫的追求利益,另一方面是对优良水资源生产的需求。

因为传统卫生工程无法解决土地退化和利用问题,所以未来的方案应该寻求更好地与当地政策、需要和个人及公共权力的整合。传统公共策略、中央集权和孤立不相关的政策都与缺乏规划紧密相关,直接导致不合理的土地利用。无论如何,必须依靠强大的政治意愿和社会动员制止城市化对集水区的危害,恢复退化的土地。

当前很多团体都组织起来商议环境目标和举措,并欢迎各个有兴趣或者已经负责这些地区的党派参与。

很多旨在保护和恢复圣保罗城市区域主要水源地的计划与工作在过去 10 年都是由州财政部、泛美开发银行、世界银行和海外经济联合基金(OECF)会拨款的。已经投入了近 10 亿美元,主要用于对卫生设施的建设。

目的还远未达到,只要土地利用问题、废物处理和侵蚀作用得不到控制,水资源的质量就无法得到保证。这不仅是一个技术问题,而且是一个社会问题。除非这些问题不再被认为是某个特定部门的责任、一个单一的卫生或水资源问题,否则它们永远不会有解决的办法。城市扩张将会进一步使水源退化。

另一方面,孤立的地方政策效率低下。开展包括整个城市范围的地区性活动十分必要。流域部门管理范围比地方区域要大,但是它们并不管理土地使用、生产收入和其他相关问题,不过在这个方向上流域规划的作为是积极的。

都市化是造成资源退化的主要原因,在程度上甚至超过了水资源策略影响的本身。应该开展一系列连续的行动来抵制对水源地的占用行为,最重要的是扭转当今这种建设扩张的趋势。孤立的方法和举措是没有办法形成有效机制的。

有关水资源恢复的提议可以分为如下 5 类:

(1)大都市及超流域级的措施。

• 转变发展方向,引导城市向水源地相反方向发展;

• 控制洪水,尽量不要从严重污染的 Pinheiros 运河抽水用于蓄水区;

• 控制进入到 Pinheiros 运河的污染负荷量。

(2)流域级的措施。

• 改革不规范的土地占用审查程序以拆散包含市政厅和社会资源等在内的机构,整合保护和恢复活动,并引导它们发展;

• 重新分配地质危险区、接近水库及溪流的人口;

• 鼓励与当地土地利用者协调一致的活动,创办盈利企业;

• 收集并把污水运送到水库区域以外的地方;

• 推行替代型城市排水技术,以有利于土壤下渗、沉积物保持和清除废物;

• 使洪水控制计划和负荷扩散控制计划的实施透明化;

- 使大都市发展和固体废物处理透明化;
- 开辟新的林区以利公共事业。

(3)水源自我维持的措施。

- 资源恢复工程将提供可观的就业机会;
- 水源地区作为经济活动的水生产,用水开销必须得到全额恢复和补充。

(4)后继事务、设计的评估监管、比灵斯水库(Billings)的环境恢复计划的执行与效率。

- 确立独立环境审计程序;
- 确立透明的监控和信息系统;
- 制度上加强个人和公共实体的介入。

(5)使市政当局、各州和个人实体之间的活动透明化,以利于计划的实施。

主要的挑战并不仅仅是为相关工程筹措资金,而是确定更好的计划和更明确的目标。新方案不仅要包含独立的水问题,还要考虑社会复杂性、政治牵连和经济反馈。因此,它们必须要有效并且有利于民主,还要保证公众事务的透明度和社会公平性。

第 7 章　位于市区的雷(Lei) 河
(巴基斯坦)水资源综合管理

(AMIR HAIDER MALIK 著)

　　市区的雷(Lei)河流域面积大约 211 km², 其中伊斯兰堡(巴基斯坦首府,人口约 3 000 万)约占 55%,其余的则分布在拉瓦尔品第(巴基斯坦旁遮普省城市,为巴基斯坦工商业重镇,人口约 3 000 万)。伊斯兰堡的城市发展并没有很好地考虑到与水文相关的建设,致使拉瓦尔品第地区洪水问题日趋严重。甚至在 1994 年的旱灾之后,地下水的开采仍然处于无法律监管的环境下。增加地下水总量的相关方法可以从质和量两方面增进饮用水的发展,并且可以在不可控径流中减少损失,从而达到减少蓄水土壤枯竭和加强地下水监管的目的。1960 年的总体规划中被放弃的伊斯兰堡棋盘式城市布局开发计划因为地形、地质、气象以及水文和水文地理勘探等多方因素被重新提上日程。我们不应该因为短视的政治利益而牺牲长远持久的社会生态解决方案。

7.1　巴基斯坦及其水资源

　　由于水分蒸散、水涝和盐化,水资源发展的长期规划和管理对于巴基斯坦而言是十分必要的。印度河河谷地区配备有全世界最大的综合灌溉网络,包括 61 142 km 长的运河航道, 1 360 万 hm² 的可耕种地区。印度河河床覆盖着一层较厚的疏松颗粒土层,可以储存大量可观的地下水资源。农业比例占到了当地国民生产总值的 36%,是巴基斯坦最主要的经济要素。巴基斯坦的气候特点主要是干旱到半干旱及热带和亚热带季风气候,在夏季主要受到东南向和西南向的季风环流影响。月平均气温大约 12.8 ℃,北部和西部地区气温可能降至 0 ℃ 以下。

　　该地的降水在地域上和时间上呈不均匀性。最高的降水量(大约 60%)发生在季风期的 7 月,而 8 月和 9 月远远不能及时储存和利用这些水资源。冬季降水与夏季相比总体来讲分布较为均匀。巴基斯坦涵盖从南部沙漠大约 100 mm 的降水到北部及西北部山区大约 2 000 mm 的降水。近年来当地明显出现了开挖深井的趋势,而地下水提取的速率已经超过了地下水年际自然补充速度。老式的暗渠灌溉系统(又叫坎儿井,巴基斯坦称之为 Qanat、伊朗称之为 Kanat)通过自流为基达山区及其周边地区输送灌溉和饮用水,这种方法已经沿用了上千年。这种技术不仅持久而且保持了当地环境的动态平衡,但是逐步降低的地下水位不仅严重危害了当地这种低成本的灌溉方式,还导致了地面沉降。基达市的地下水位以 1 m/a 的速度下降(Chandio, 1995; PNCS, 1991)。在最近 30 年里,山区的水位已经降低了近 30 m,其他大城市如拉哈尔市也不比基达市好。过度开采地下水导致的水分散失、渗透和腐蚀的封闭性、涝灾和水源盐化,以及水分的高蒸发度,是巴基斯坦水资源开发面临的重大挑战。一方面,地下水位在巴基斯坦普及运河灌溉后的 30 年中至少上升了 20 m;另一方面,拉哈尔城最高地下水位 26 m,但是很大区域的水位下降到了 21 m,每年约下降 50 cm(Ahmad, 1993)。

　　巴基斯坦的人口增长率约为 3.1%,所以需水量也在相应增长。与此同时更多的土地被开发,而城市增长没有考虑到当地的水文地质和环境结构。不断增长的洪水和侵蚀问题与地表水沉积物负荷紧密相关,也更使水的下渗过程复杂化。水库和湖泊逐渐淤积,丧失了库存容量和发电能力,而森林采伐率比新造林的速率高将近 7 倍。1947 ~ 1994 年巴基斯坦的人口从 3 100 万增长到 1.264 亿,预计 2035 年将达到并超过 4 亿。这个国家过度依赖于灌溉,因为不断高涨的粮食需求而增长的农业发展,将会凸现严重的水资源短缺局面。北部巴基斯坦的水土流失已经严重到了每年 5 000 t/km^2。瓦萨克大坝的环境土壤退化状况十分严重,已经严重淤积并且丧失了其设计库容(Beg, 1990)。饮用水和卫生设施的缺乏是婴幼儿和未成年人死亡率高达 16% 的一个基本原因,45% 的儿童死亡是因为腹泻,这也是巴基斯坦最大的儿童死亡单一病因(Pasha & Mcgarry, 1989)。而下水系统的不足和污水处理网络的匮乏也给自然可用水源增加了不少负担。

　　一种解决水资源问题的方案是使用地下水回补方法来补充散失的水分,特别是在多雨的季风期(超过60%的年度降雨发生在7~9月);而在涝区和盐化区则应用排水设施。在这些月份即使面对一个相对较高的潜在蒸发率,因为有超量的水源,地下水也可以得到充分补充。除此之外,这些方法还可以减轻发生洪水的压力。印度河流域的线性灌溉运河河道只能被应用到涝区和盐化区,相比之下非线性运河河道则应用于水分散失区。因为环境所限,那些在工业化国家采用的污水直接排放到河流的方法则不应该被鼓励。我们的工作重点应该放在开发可持续利用的浅层水上,而不是持续开挖和泵取深层地下水。土层地下水的人工和自然补充对于灌注巴基斯坦境内多达 250 000 个管井也是至关重要的(Report,NCA.,1988)。由于很大一部分巴基斯坦人口依赖于未灌溉田地,这些地区地下水的补充也迫在眉睫,而这些地区获取大量水源的关键是将季风期降雨转化为水源的能力。有必要让中央和区域地下水机构相互协调,负责勘探、评估、开发、管理和调控地下水资源。这些机构负责使用特殊方式让各省份和中央协调合作,从而避免昂贵数据资料采集的重复和冗余。

　　除地下蓄水、地下水回补可以减少洪灾的危害强度外,老式的暗渠灌溉系统(比如俾路支所使用的种类)应该被重新起用,但是要避免使用深层开掘的技术。通过流域管理和小型水坝的建设,出流量可以被最原始的自流技术加大。随着地下水监控、地表排水和地下水去沫技术的运用,可以解决水涝和盐化的问题,可以获得更多耕地以发展农业。总之,水资源问题的长期持久解决方案不应该屈从于政治利益。

7.2　位于市区的雷(Lei) 河(伊斯兰堡—拉瓦尔品第)

　　雷(Lei)河集水面积分布于北纬33°~34°、东经72°45′~73°30′的伊斯兰堡和拉瓦尔品第的城市及郊区。雷(Lei)河(在本地被称为 Nu-lah、Nullah、Nalah 或者 Nallah)发源于伊斯兰堡北部边界的 Margalla 山区。这是一条很典型的山区河流(或者说山脉湍流),其北部地区为陡峭的枝状河道,南部冲积区主支流汇流后在伊斯兰堡中心形成蜿蜒而缓和的河道。主要研究范围被两大河盆所包围,分别为北部的 Haro 地区和南部的 Soan 地区。集水面积以 Margalla 山区为北部边界,科壤(Kurang)河流域为东部边界,靠近巴基斯坦铁路线的一座低矮山脊为西部边界。经过伊斯兰堡的泄水,雷(Lei)河流向较为平坦的拉瓦尔品第地区。其流域面积约 211 km²,其中 55% 位于伊斯兰堡到 Khyaban - i - SirSyed,剩余的 45% 位于拉瓦尔品第的城市及居住区。雷(Lei)河和邻近的科壤(Kurang)河流域在地下相连,其北方和西北方分水岭只有在与其西部分界相比时才凸显分隔地表水和地下水的机能。

　　四条小支流 Saidpur Kas(也就是雷(Lei)河上游)、Kanitanwali Kas、Tenawali Kas 和 Bedranwali Kas 发源于 Margalla 山区,跨越伊斯兰堡,蜿蜒汇流到 Khyaban - i - SirSyed 并形成雷(Lei)河的干流。另一条叫做 Nikki Lei 的支流,在上述的汇合处下游以西 3.2 km 处与其交汇,另外约有 20 条流向城市的其他支流从两侧与干流交汇。最终它在跨越 G. T. 大道后形成索尔(Soan)河,在靠近 Fauji 基金大厦的拉合尔市一侧逼近拉瓦尔品第。雷(Lei)河流域处于半干旱到半湿润气候带,气温、蒸发强度、相对空气湿度和降水量表现出明显的季节性波动。这片地区没有酷暑和严冬,1995 年伊斯兰堡的平均地下水位为 19.8 m,拉瓦尔品第为 22.8 m。1988~1995 年,年际水位平均下降 1.40 m。1998 年在伊斯兰堡和拉瓦尔品第地下水占饮用水的比例达到了 30%~40%。当今如果过度开采地下水和城市化对地表侵蚀的趋势继续保持下去的话,这个比率肯定会明显下降。工业化、侵蚀作用、大群的当地动物活动及不受控径流均严重危害地表水和地下水。地表水的质量每年 1 月到 12 月有很大的不同,特别是季风期的洪水和冬季来水带来了大量沉积物,而污水处理厂和处理网络的不健全给自然可用水源的质量带来了极大的负面影响。废水在旱季等比例地集中增长。1981~1995 年伊斯兰堡和拉瓦尔品第市的人口从 1 100 万增长到 3 700 万,平均每天每人消耗 185 L 水(伊斯兰堡平均每天每人 415 L)。每天大约有 46 万 m³ 废水机械化处理后流入雷(Lei)河。

　　自从 1994 年的大旱以来,鼓励所有私人性质的地下水开采行为,而开采质量却没有得到应有的重视。渗透的地表已经被圈禁,伊斯兰堡的城市建设完全没有考虑到地区的水文地质特点和环境结构,这导致了拉瓦尔品第地区更严重的洪涝灾害,因此所谓的中央地下水监控也就不存在了。而 1960 年总体规划中摒弃的伊斯兰堡棋盘式城市布局计划考虑到了当地的水文地质特点。Margalla 山区的存在正是雷 (Lei) 河流域长期自然蓄水的动力。然而不幸的是,当地 56 个采石场侵蚀了将近 107 hm^2 的土地。国家公园附近的 34 个村庄约 26 000 名居民从事未经授权的伐木,以用于取暖和烹饪,当地牧群的过度放牧和侵蚀也严重危胁着自然环境。根据评估,伊斯兰堡约有 68%(70 km^2)的未封闭渗透地区在 1981 年提供了近 1 600 万 m^3/a(100%)的地下水,剩余的地区在 2030 年的地下水产量预计值只会有约 600 万 m^3/a(38%)。同样的,Todd(1980)也阐述了都市化对地下水补充的减缓和对地下水流失的加剧作用。

依照首都发展局(CDA)的提议,把雷(Lei)河的水部分引入科壤(Kurang)河的计划看起来是个吸引人的解决方案。这意味着雷(Lei)河的四条支流将以 114 m^3/s 的流量引入东部的科壤(Kurang)河,这将使降水贫乏的西部地区的水损失殆尽,哪怕它们的原始来水总量能够得到地表水的补充。不幸的是,当地的决策人士也认为应该更深地开挖雷(Lei)河河床来补偿人口密集且饱受洪水侵袭的拉瓦尔品第地区。因为这些决定,地下水的侵蚀和损耗将会进一步加剧。据拉瓦尔品第地区饮用水检测,90% 的水样受到了大肠杆菌的污染。在拉瓦尔品第乡村几乎每个水井中都能发现细菌污染物(Tahir et al. ,1994)。每天伊斯兰堡约有部分经机械化处理的 18 万 m^3 废水流入雷(Lei)河,而拉瓦尔品第则每天排入雷(Lei)河完全未经处理的废水达 29 万 m^3。根据当前的研究可以断言,雷(Lei)河沿岸被检测水井的水质在生物学意义上都不适合人类使用(Chandio,1995)。

根据对现有资料的分析,在雷(Lei)河流域实行地下水补充是十分有利的,此方案可以补偿已经被圈禁的渗透地区和西部地区因城市化发展和地质盐碱化所造成的地下水污染,并且可以缓解用水的紧张局面。为达到这个目的,我们全面分析并一一讨论了可用的气象、水文、地质和水文地质资料,如岩石钻井曲线、水样的化学成分分析和抗阻测量。为了寻找合适的地下水回补和开采地点,我们确立了一种新型而详细的水文地质资料系统,包括抗阻测量结果和一组完整的地下水源分布数据(例如各类开放式水井和管井)。抗阻测量结果同样是根据现有管井数据资料得到的。本研究提出了多种低成本且实用的雷(Lei)河流域适用区域地下水人工回补方案。本课题研究的地区,特别是伊斯兰堡,有很大可能达到修编当地规划方针的目标,因为当地城市建设自 1960 年才起步且现在尚在进行中。根据对水文地质和环境诸方面因素的考虑,我们可以修编 1959 年的伊斯兰堡整体规划。我们可以用不同的土地开发和地下水补充新技术或方法来改正或弥补水资源利用中已经犯下的错误。

7.3　地下水回补的相关证据

7.3.1　通过降水和水库蓄水得到补充

　　1975～1981 年的 26 个开放式水井的地下水水位曲线显示,地下水水位对降雨有明显反应,而且被研究地区含水土层的蓄水量在夏季和冬季的雨季得到了补充。7～8 月的降水峰值和 9～11 月的地下水水位峰值相符合。根据这些地下水水位曲线,被研究地区的年际地下水水位的波动范围在 2～3m。此外,地下水水位还受到潜在蒸发作用的调控。6～7 月地下水水位最低,这是因为 5～6 月的降水最少且潜在蒸发率最高。而 9～11 月水位最高是因为 7～8 月降水最丰。根据 Jica－Cda 1988 年的研究成果,地表水顺着 Rawal 和 Khanpur 地区低地补充地下水。相关的地下水开采已经被叫停,因为它们可能因为涝情和盐碱化对现有大坝及其他技术设施造成损害。

7.3.2　基流与河体系数

　　通过对研究地区南部边界的索尔(Soan)河径流总量的分析,显现出分支流量的持续性增长。这标志着索尔(Soan)河的基流被持续的地下水所补充。一些周边地区河流的径流表现出强烈的季节性波动和降雨依赖性,有很高的河流系数值。其他河流与之相比径流系数都较低,而且相应地都有稳定的径流量变化,这是基流作用的结果。Jica－Cda 于 1988 年确立了河体系数的概念。从研究地区的河流确定的 7

个值我们可以分析,大约 227 的平均值是雷(Lei)河流域的实际代表值。我们缺乏雷(Lei)河的长期径流量资料,此外它的天然地表水还因为受到当地废水排放的影响和流域的地形、地质及水文条件的多变性而发生持续的波动。位于 Khanpur、拉瓦尔品第和 Chahan 地区的河流反映出它们因为具有稳定的基流而没有明显的径流波动。

7.3.3　水量平衡途径

　　降水和潜在蒸发的相互作用形成一片特定区域的水量平衡(Lockwood,1974)。其中降水量根据雷(Lei)河流域的 10 个测站的平均值测得,而潜在蒸发量由 Murree 测站和 Chaklala 测站的平均值得到。这两个测站的潜在蒸发量是根据改进的彭曼方法得到的长系列数据计算得到的(Jica – Cda,1988)。Murree 测站和 Chaklala 测站位于海拔 510 m 和 2 205 m 处。

　　研究地区的气象水量平衡显示在 1 月、2 月、7 月和 8 月有剩余水量。8 月的土壤湿度达到了饱和值 100 mm,反映该地区肥沃沙地的植被覆盖能力,土壤湿度是由 Pfau(1966)和 Schmiedecken(1978)推导出的公式求得的。这个公式考虑到了以往的潜在蒸发、土地容量和土壤湿度,以此建立的土壤湿度模型显示,在给定边界条件下的渗透只可能发生在 8 月份。公式的边界条件含有一系列的近似值。即使降雨量超过了潜在蒸发量,潜在蒸发量计算值也往往都比测量值高,造成这个结果的原因可能是改进的彭曼公式没有包含高度的圈禁区。水量平衡来源于全年的 1 ~ 12 月,不过就算只考虑一个月,对于此项研究来讲也太长了。在那些潜在蒸发量大于降雨的月份,一部分来水需求会被用于土壤水的储存。3 ~ 7 月,平均潜在蒸发量大于降雨量,在这段时间植物会将水分储存在土壤中。在 7 月降雨量会超过潜在蒸发量,这个时候雨水会补充土壤含水量,只有在 9 ~ 11 月土壤水被全部置换才是最明显的地下水补充。根据 Heath 和 Trainer(1968)的描述,干旱和半干旱地区的缺水期会相应延长,所以实际的土壤水分蒸发蒸腾损失总量会比潜在值要少。在那些有干热夏季和湿冷冬季的地区,实际土壤水分蒸发蒸腾损失总量往往会比潜在的要少,特别是土壤水分储量有限的情况(Fetter,1994)。

土壤水分只是第一个被考虑的土壤因素,不过如果土壤含水量减少,更深层的土壤水就会因为毛细张力作用被蒸发,比如在6月土壤含水量就只有1.3 mm。很大比例的城市地区都缺少适用的经验水量平衡模型,因为经验公式大部分都涵盖了覆有植被的地区。除开这些因素和不明确的边界条件,这个模型对于地下水水位上升的计算结果仍然出人意料地好,和8月的情形显著一致。地下水水位在冬季月份的微小上升并不会反映到这个模型上。由 Tank 模型(Jica - Cda,1988)计算得出的结果为170 mm/a,而用本模型算出的是100 mm/a。造成这两个结果不同的原因可能是土地容量的不同潜在蒸发强度或土地封闭效应。冬季的1~2月两个月提供了过量的水源,不过土壤含水量却没有相应地饱和,而且当预估的土壤水分达到100 mm时地下水补充不能像8月那样显著发生。5~6月的极端高的潜在蒸发强度也导致了极大的实际蒸发量,土壤储存的水分被蒸发消耗。肥沃的土壤和黄土是典型的蒸发型土壤,因为它们的物理特性利于水分的蒸发。

　　1~3月和7~12月适于露天的地下水回补途径,因为这两段时间的蒸发比较缓和而且有着超量的来水。季风期的超量降雨正是这些地区的生存策略。如果这段时间没有大量的降水,就没有充足的水源去进行地下水回补了,同时蒸发效应仍然很强烈。表7.1中2月、3月和7月、8月适合于地下水回补,即使是通过简单和低成本的途径(比如经由水池输水)。在其他的月份,覆盖途径对于减少蒸发损耗的水量有明显要求。对于这个方法而言,Hantke 的沟渠技术(1981,1982,1984)因为其便宜简单应被推广,此项技术的安装也只需要很小的占地面积。地表水和地下水一般而言是协调一致的,然而在被污染的雷(Lei)河却不是如此。不仅仅是浅层地下水,深层地下水也有可能因为降雨和地表水的渗透而更新。当地水井不同地层的化学分析证实了向下的连续性和显著的富集作用。有一些水井因为不连续性和突然的向下富集趋势显示出了对含水土层的限制。这些水井位于 Margalla 山区沿线和国家公园地区。

　　Tank 模型(Jica - Cda,1988)得出的月值并不与当地实际降雨量相符合,因为这些降雨量是4个 Tank 模型测站调节得到的,而比较而言,此次研究得出的降雨量是由 10 个测站调节得出的。Schmiedecken 方法(1978)得出的实际土壤水分蒸发蒸腾损失总量不可取,因为它们与 Tank 模型得出的总量不相符。所以,Tank 模型得出的结果根据 1 ~ 12 月 Schmiedecken 方法(1978)计算得到的结果进行了相应修正。

表 7.1　研究地区的月平均气候水量平衡　　　（单位:mm）

项目	1 月	2 月	3 月	4 月	5 月	6 月	7 月	8 月	9 月	10 月	11 月	12 月	全年
(1)	75.1	84.9	104.5	74.8	48.9	70.4	256.3	285.0	108.8	41.0	24.7	44.9	1 219.3
(2)	54.5	64.5	104.0	151.5	207.5	223.5	183.0	156.5	135.0	111.5	72.0	54.5	1 518.0
(3)	23.1	31.7	46.5	69.1	92.1	103.6	82.5	70.7	62.1	48.6	31.3	22.2	683.5
(3a)	54.5	64.5	104.0	108.5	72.2	75.1	183.0	156.5	131.8	80.0	39.0	47.1	
(3b)	33.4	39.5	63.7	66.4	44.2	46.0	112.1	95.8	80.7	49.0	23.9	28.8	683.5
(4)	42.1	62.5	63.0	29.3	6.0	1.3	74.6	100.0	77.0	38.0	23.7	21.5	
(5)								103.4					103.4

注:(1)降雨量(取 10 个当地测站的平均值,基于每月 5 天每天 5 次的测量);
　　(2)潜在土壤水分蒸发蒸腾损失总量;
　　(3)实际土壤水分蒸发蒸腾损失总量(Tank 模型,Jica‐Cda,1988);
　　(3a)实际土壤水分蒸发蒸腾损失总量(经过 Schmiedecken 修正,1978);
　　(3b)实际土壤水分蒸发蒸腾损失总量(经过 Schmiedecken 修正,1978,&Tank 模型,Jica‐Cda,1988),这些修正是为了得到实际土壤水分蒸发蒸腾损失总量的值,调整以适应当地的降雨量;
　　(4)土壤水含量;
　　(5)地下水回补。

7.4　研究地区地下水回补有利因子

研究地区地表沉积物,主要由优质的沙、沙壤土、砂岩、砂砾及大型砾石构成,其可渗透性足以达到一个可以接受的渗透率。有很少的特殊土层,它们包含淤泥或低水压传导性通气层土壤岩床的优质砂岩,能够起到地下水回补的作用。

7.4.1　其他气候因子

温度、光照周期、风速和土壤水分蒸发蒸腾损失总量是影响地下水回补的重要气候因子。4~8 月气温高,光照周期长并且风速较快,但是相对空气湿度又很低,这直接导致了高蒸发量。这种情况下比较明智的地下水回补方法就是使用隐蔽式沟渠或者其他地下技术来减少蒸发过程中的水量损失。从第一年的 8 月至次年 4 月,因为温度偏低、风速较缓而且日照时间逐渐变短,蒸发量相应地降低。这个时候用地表途径补充地下水就比较经济,如流域引水或是其他类似的方法。

7.4.2　地下水回补的水源质量

满载沉积物的洪水虽然被消耗浪费掉,但是在洪水末期沉积物悬荷比较低,地表水可以直接补充地下水。根据 Tahir 的研究(1994),拉瓦尔品第地区水基本上都不含铁。地下水的化学成分应该是和当地地表水的成分协调一致的。在 Margalla 山区西部和国家公园地区的某些地方发现了高盐聚集的地下水层。除了这些情况,在地下水回补的过程中应该不会再有盐碱化的负面影响。随着时间的推移和地下水回补方法的应用,含水土层的盐化趋势应该会有所减缓。

7.4.3　其他周边水库和湖泊的水资源

Rawal 湖、Simly 和 Khanpur 大坝每年至少可以提供 2 亿 m^3 水以供饮用和灌溉。由于水库的淤积问题,水资源长期规划要求在周边地区不断发展建设新的水坝和湖泊以满足日益增长的人们饮水需求。现在已经可以提供 2.5 亿 m^3/a 的饮用水,每年又有 1.15 亿 m^3 的水从雷(Lei)河流域的管井中被抽出,另外地面水库还可以提供每年 1.35 亿 m^3 的用水(Jica – Cda,1988;Ahmad,1993;Chandio,1995)。实际上每年 0.71 亿 m^3 被认为是当地地下水可持续发展的平均水平。不过很不幸的是,1988 年以来含水土层被过度开挖,大约每年要透支 0.44 亿 m^3。据估计(Jica – Cda,1988),伊斯兰堡和拉瓦尔品第在 2030 年的饮用水及灌溉用水总量将达到每年 5.46 亿 m^3。过量的水源可以通过慢沙底层和低耗水高降雨时期的快速水过滤厂用于合适地质区域的地下水回补,并且还有削减洪水径流深的作用。Rawal 湖、Simly 和 Khanpur 大坝多余水量可以自流缓慢释放,然后被河床吸收,特别是在低蒸发和相对空气湿度较高的时期,往往有一个固定的流量即最小河流调节径流从水库泄出。

7.4.4 石灰石地下水和雨水保持

因为洪水对地下水的短期补充,Margalla 山区的石灰石地区甚至可以在地下储存含有沉积物的水。石灰石地下水以后可以用于除饮用水外的灌溉和其他用途。通过其他诸如流域管理技术,根据当地降雨径流条件,修建小型蓄水水库进行调蓄,很大一部分水资源就可以储存在地下,至少暂时被保持而不会马上流失。由于季风期的大量降雨,此期间的灌溉用水已经饱和。所以应该安置附加的设施来收取大量的水,这些水以后可以用于其他冲积区的地下水回补和居民饮用。储存起来的上层雨水可以被用于洗衣、卫生设施、园林业和开放式非线性自然溪流及人工河道的地下水回补。伊斯兰堡一些地区已有的分区污水处理系统不仅可以缓解水处理工厂的压力,也减少了洪水的问题。Margalla 山区山顶和山腰的水塔系统可以将雨水储存起来以用于地下水回补。

7.4.5 地质学、水文地质学和水文地质化学特征

含水土层的四个疏松层包括冲积沉积物、沙、淤泥、黏土、砂砾、漂石和全新世的砂岩。研究地区聚集物、砂岩、淤泥石和黏土再现了更新世的雷(Lei)河聚集区。雷(Lei)河流域在全新世和更新世两个时期形成了疏松含水土层,这种土层由黏土、淤泥、中等到优质沙、砂砾、漂石和一些聚集物组成。通过岩石学特征可知用黏土和淤泥形成材质的媒介出现的几率在横向和纵向都很低,这种特点十分利于安装中小型容量的管井。这片地区含水土层包含沙、砂砾、漂石和砂岩,广泛分布在一个或多个土壤层面,这些层面的结构好似透镜。第三纪 Nimadric 岩床包括黏土石、砂岩和一些聚集物,它们构成了研究地区次级含水土层。这种土层只能对露天开挖井提供有限的水,所以这些土层对于地下水回补作用并不十分重要。雷(Lei)河流域中部、Rawal 湖西南部的冲积沉积物厚度约为 300 m,坚固的沉积物和岩石由石灰石(始新世)、聚集物(雷(Lei)河聚集区)和砂岩岩床构成。地下水是通过这些坚固的沉积物和岩石的次生孔隙来流动的,这些孔隙因为地层的断裂和接缝而形成。Margalla 山区和自然公园地区只有很少的限制性与半限制性含水土层,自然公园地区的一些地方因为自然封闭而避免了渗透的

侵袭,不过在不透水层下的含水层由于其显著厚度可以贮存大量的地下水。

这些土层的水回补区主要位于 Margalla 山区东北部,当地对于制止诸如街道、房屋和工业建设的人为干涉有着重要作用。为保持良好的径流强度和地下水回补率,同时也为了保证旱季的供水,适当的渗透性也是必需的。而高渗透性因为地表径流会使很多地下水流失。根据 Baumgartner 和 Liebscher(1990)的研究,研究地区广泛分布着黄土,而这些黄土能够贮存大量地下水,甚至可以在旱季(例如春季)缓慢释放。这类土层分布于研究地区南部和西部。有人在 1989 年干燥的夏季观测到西部一些黄土区有少量泉眼出流。Margalla 山区南部和西部边界的平原适合建造水池和过滤槽,这可以使很多流经的地表水进入壤中流。这些地区拥有所需的起源于地表的壤质土和优质冲积沙质,不过其蒸发率可能会很高,特别是在夏天。

Margalla 山区和 Murree 山区的两条地下水流在 Rawal 湖以西的科壤(Kurang)河流域交汇,然后以地表水的形式共同向南流入 Soan 河。拉瓦尔品第乡村地区,即西南的 Sil 流域和雷(Lei)河流域相互分离。雷(Lei)河流域开凿的 70 个管井深度在 27～181 m,伊斯兰堡地区也是相应的深度。雷(Lei)河流域的平均管井深度大概是 91 m。现在可获取的雷(Lei)河流域管井长度数据有 61 个,其中最小绝对值是 11 m,最大绝对值是 46 m,平均长度为 26 m。1988 年伊斯兰堡地下水水位深度为 10 m,同时拉瓦尔品第地区为 12.5 m。据报道 7 年之后(1988～1995 年)伊斯兰堡平均地下水位下降到 18～21 m,拉瓦尔品第地区地下水位则下降到 21～24 m。即伊斯兰堡和拉瓦尔品第地区地下水位以每年 1.40 m 的速度下降(Jica - Cda,1988;Chandio,1995)。雷(Lei)河流域 1～12 月平均地下水位波动为 0.5～2.5 m(伊斯兰堡地区)和 1.5～3.5 m(拉瓦尔品第地区)(1975～1981, Khan 和 Ismail, 1982)。雷(Lei)河流域开挖的 71 个实验泵管井的最小扬程为 2.3～14 m,平均最小扬程为 5 m。雷(Lei)河流域地区泵水测试持续 2～22 h 后估计地下水位平均会降低 8.7 m(Jica - Cda,1988)。因为地下含水层的开发比较合理,科壤(Kurang)河流域地区泵水测试至少要持续

20 h。由于其良好的储量,56 m^3/h 可以认为是 1988 年雷(Lei)河地区的代表性泵水强度。与科壤(Kurang)地区每天 2 100 m^3 相比,雷(Lei)河地区每天的平均泵水大概在 1 000 m^3。雷(Lei)河流域管井的精确容量大概是 319 $m^3/(d \cdot m)$(取 65 个数据的平均),相应地科壤(Kurang)流域的管井容量为 871 $m^3/(d \cdot m)$(取 16 个数据的平均)。雷(Lei)河流域的渗透系数范围在 1.3×10^{-5} ~ 56×10^{-5} m/s(8 个数据的平均值为 17.4×10^{-5} m/s),绝对透射率约为 0.000 17 m^2/s 到 0.049 m^2/s(9 个数据的平均值为 0.009 4 m^2/s)。相比之下国家公园地区绝对透射率在 0.056 ~ 0.001 9 m^2/s,三个数据的平均值为 0.021 8 m^2/s(Jica – Cda,1988)。

　　研究地区地下水的 pH 值普遍为 7.3 ~ 8.8,弱碱性的重碳酸盐起到缓冲作用。水体的总硬度较高,这是因为大部分雷(Lei)河支流都发源于 Margalla 山区,而 Margalla 山区有很高的石灰含量。总硬度普遍很高,范围在 122 ~ 600 mg/L(以碳酸钙含量计)。部分地区水硬度石膏含量是变化的,特别是研究地区西北部。研究地区地下水根据化学成分可以被分为 4 类:第一类主要受地表水影响;第二类是含盐量持续向下集中的中间类型;第三类部分包括一些受地表水影响的上层土层,由下层含盐量陡然上升的限制或半限制性土层构成。上层土层回补水依靠地表水,下层则依靠横向流入的地下水;第四类则受石膏含量影响有高硫酸盐含量(甚至在地表),这是由于石膏特性地层的原因。根据借助 Piper 图表对地下水进行地质化学研究,研究地区浅层地下水主要是碳酸氢钙(镁)特性,而深层水主要是碳酸氢钠(钾)特性。

7.4.6　灌溉

　　Haro 河左岸控制区为大约 16 000 hm^2 土地提供灌溉用水。Soan 河右岸市郊地区位于拉瓦尔品第南部,涵盖大约 900 hm^2 的可灌溉地区。Rawal、Simly 和 Khanpur 的大坝可以提供灌溉用水。富含沉积物的洪水也可用做灌溉,用于那些在雨季需水的作物(早春作物)和夏季季风期需水的作物(秋收作物)。像公园和园林的露天场所等灌溉地区将来也可能被改为工业区、政府用地或其他设施,当地剩余的那些示范村庄灌溉用地应该被保留下来以用于地下水回补。伊斯兰堡乡村地区占地约 466 km²,其中农业和其他乡村用途的土地十分有限。

7.4.7　地下水回补区域

　　自然地下水回补区包括 Margalla 山区和自然公园地区。人工地下水回补区包括人口密集的伊斯兰堡和拉瓦尔品第市,这两地可以应用沟渠、蓄水池和其他技术。那些老式井和其他设施如园林、公园和展览会场应该被整合到自然和人工地下水回补体系中去。借助废弃水井帮助的地下技术,可以适当被慢滤和快速水过滤厂利用来大量生产饮用地下水。在大城市里,地下水回补途径必须建立在有限空间的基础上。控制强降水变化和年径流变化的技术解决方案需要坚实的基础设施和专业知识。渗透发生在一个很短的时期内,即 7～9 月,这段时间会产生全年 60% 的降水量和 70% 的径流量,而且在这段时间内,潜在蒸发作用也不是十分强烈。为此,一种可行方法是用设有填满粗沙和砂砾的深坑及沟渠的特殊水池。如果地理、政治和社会条件允许,尚未开发的伊斯兰堡西部应该放弃城市化发展和岩石开采,而被保留下来作为地下水回补区域。这些地区同时也应被用于园林、公园、森林、幼托机构、游乐场地和开放绿地的建设。对于研究地区都市发展的抉择必须基于水文地质分析,而且要符合发展中管井地区的长期下渗要求。研究地区不可能出现盐碱化和渍水的问题,因为当地有天然的排水系统地形并且土层已被过度开挖。

7.5　研究地区地下水回补的重要性和紧迫性

　　研究地区 Rawal、Simly 和 Khanpur 大坝将分别在 30 年、84 年和 73 年后完全淤积。人工回补途径迫在眉睫,因为管井抽出的水和地表下径流量(侵蚀作用)已经大大超过了年际自然补充。现有的水库最后将无法满足日益增长的当地用水需求,所以以含水土层作为水库蓄水的潜力可以缓解旱季用水紧张状况,并可以调节泛滥的洪水流量。可用地表水的质量(洪期、旱季)每月每年都不同。研究地区地表水和地下水的品质(温度、化学组分等)并没有经过长期的调查研究。人工地下水回补将会是将地表水和地下水整合到同一个供水系统的主要途径。不受控废水流入到自然溪流中也会危及地下水土层。根据首都发展局

(CDA)1989 年在伊斯兰堡获取的信息,拉瓦尔品第雷(Lei)河下部管井水中硝酸盐和亚硝酸盐含量在持续上涨。雷(Lei)河的污染正在横向和向下游扩散,所以新的管井必须要在远离雷(Lei)河的地区开挖以获得优质水,不过这些井只能得到很有限的河岸过滤。经过调节的人工地下水回补可以减轻人为的和地理环境引起的污染。随着地下水的过度开采和含水土层的不断损耗,地面沉降是我们面临的另一个危机,因为地面沉降将会导致不可逆转的土壤孔隙减少并危及地面设施(Todd,1980)。

7.5.1　含水土层的污染和都市化进程

　　地下水回补同样可以在生物和化学方面提高水质,可以过滤病原微生物。根据相关研究和报道,水的化学成分并不妨碍人类使用,但是其菌群组分就是另外一个问题了。最近的一次霍乱爆发的记录是在1944 年拉瓦尔品第的 Attock 石油公司(CDA 报告,1960)。在拉瓦尔品第,90% 的水样都被大肠杆菌污染,在其乡村地区几乎所有的私人水井里都发现了细菌污染(Tahir et al. , 1994)。社会的排水系统也危害了含水土层。根据 CDA 于 1989 年搜集的资料,硝酸盐和亚硝酸盐含量正在持续上涨,特别是在拉瓦尔品第雷(Lei)河下部的管井地下水中。开放式井微生物污染主要是各种生物在通过井取水过程中造成的。建成的已封闭接合管井中的排泄物污染并不显著,与之相比那些灌溉和民用的开放式井口污染明显。

　　当地超过 3 700 万居民产生的污水污物的处理是目前产生地表水及地下水污染的主要问题。伊斯兰堡平均每人每天产生 284 L 的废水,在拉瓦尔品第是 95 L(Chandio,1995)。拉瓦尔品第已知的最高硝酸盐含量是 Jinnah 镇 Adyala 水井为 92.1 mg/L 和 Gorakhpur 基础学校水井为 63.6 mg/L(Tahir et al. , 1994)。最急迫的需求是扭转雷(Lei)河的污染局面,执行废水限制调节功能并协助现有废水处理设施,这样才能使其恢复到自然状态。伊斯兰堡 1960 年总体规划中废止的棋盘式城市布局现在又被各学科根据水文地质情况和城市发展需要重新论证和修订。雷(Lei)河下游地区,特别是伊斯兰堡和拉瓦尔品第北部、东北和西北部,都不应该被保留作为垃圾填埋区,因为这片区域和周边低地势地区是地下水开发的中心。垃圾填埋场应该选址在 Soan 河的西南方,背对拉瓦阿尔品第市。据估计,1981 年伊斯兰堡 68% 的未封闭渗透区(总面积约 70 km²)每年下渗约 1 600 万 m³ 地下水。而在2030 年剩余的 30% 未封闭渗透区(雷(Lei)河地区及西部周边地区,面积约 221 km²)每年只会相应产出约 700 万 m³ 地下水。

7.5.2　地下水水位不足

　　根据 1995 年 Chandio 和 1988 年 Jica – Cda 的研究成果,雷(Lei)河地下水水位每年约降低 1.40 m。在 1988～1995 年 7 年里,拉瓦尔品第地下水水位从 12.5 m 降低到 22.9 m,伊斯兰堡地下水位从 10 m 降低到 19.8 m。地下水水位的骤降主要有两个原因:一是 1994 年以来的地下水自主开采和过度开掘。根据 Thomas 1970 年的研究,含水土层要进行人工回补的先决条件是有未使用的存储容量。由于含水土层的损耗,伊斯兰堡和拉瓦尔品第的地下水回补显得尤为迫切。幸运的是,含水土层在地下不断被科壤(Kurang)河流域补充。对于伊斯兰堡、拉瓦尔品第和国家公园地区,不仅仅要缩减含水土层的开采规模,更重要的是尽可能地加速地下水回补。如果继续保持这样的水位下降速度,对含水土层和土壤孔隙度的影响将是毁灭性的,当地百姓安全也会因为地面沉降而被危及。

　　在 6～7 月,最高的潜在蒸发量导致最大地下水损耗并使地下水水位降至最低。随着季风期超量降雨的下渗,尽管此时潜在蒸发率很高,但地下水水位仍恢复到最高水平。两条曲线的趋势是平行的,而且两条曲线由于以上因素均到 12 月才会适当降低。由于冬季超量降水和潜在蒸发的减弱,含水土层也能得到补充,但是补充量并不大。这种趋势将延续到 3 月。因为潜在蒸发强度的梯级增长,地下水水位会持续降低,所以 5 月和 6 月的地下水回补量会因为极高的潜在蒸发率而变小。此外,这段时间也没有多余的水可以用于地下水回补。无论如何,借助暗渠和其他非露天设施,地下水回补可以全年保持运作。

7.6　地下水回补和研究地区的城市规划

　　当地地下水水位下降已被公认,也曾努力尝试用人工湖解决供水和洪水问题,但是事实上大坝只能挡住洪水,不能通过土壤渗透来保持水土。可以沿着那些通过渗透性沉积物和蓄水层水力径流在雷(Lei)河终年存在的溪流旁钻井间接引导地下水回补,不过管井的水质在横向和下游都在变差。在低温、低风速和短光照周期的第一年8月至次年4月期间,相应蒸发强度也较低。此时利用简单手段进行地下水回补是经济而明智的,例如水池蓄水和地表水传输。在其他有相对高蒸发率的月份,则可以利用诸如地下暗渠等其他技术进行地下水回补。其他地下水回补计划的重要因素是自流式发展项目的成本(比如大坝)和抽水设施的运行费用。Hantke 1984年的研究表明,诸如暗渠和壕沟等地下方法对于发展中国家地下水回补开发很重要,因为此类设施易于保养。

7.6.1　规划项目

雷(Lei)河流域已经采取了有限的几种方法来控制沉积流、水土保持和土壤侵蚀,尽管南部和西南部均可见明显严重的波动。流域管理和土壤侵蚀控制只在 Simly 大坝流域沿线开展。雷(Lei)河东流入科壤(Kurang)河的分流利于拉瓦尔品第地区的防洪,不过这不是长远之计,因为这样会危及西部少雨地区,尽管它们的地下水能通过地表水来补充,但危险仍然存在。以上行动并不能提供长期的环境解决方案,反而会损害生态系统和当地地下水回补。非线性运河开发计划综合考虑了东部的多雨区和西部的少雨区,所以此方案可以较好地把地表水调转方向(例如从丰水的东北调向干旱的西南),以加强西部地区人工及自然地下水回补,弥补当地少雨的气候和地下水的渗透损失,特别是在低蒸发强度时期。同样,在季风期将泛滥的水从雷(Lei)河引入科壤(Kurang)河流域也十分困难,因为此时降雨全面加强并且径流在整个北部山区下泄。综上所述,将雷(Lei)河河水引入科壤(Kurang)河流域是不切实际的。

7.6.2　当地设施的利用

很多废弃的传统水井(最开始是以饮水和灌溉为目的而开挖的)已经可以用于地下水回补。都市化进程和更深更具开采力的管井使很多露天井口干涸,运用这些井口来进行地下水回补要求水质良好。这些水的获取取决于通过慢滤和快速水过滤厂的及时大量生产和冬季及雨季的低用水量。当前这些老井有的已废弃,有的已被公众无意识地用做垃圾桶,这样就会导致含水土层的污染。此外,这些老井还能提供珍贵的长期地下水数据资料。利用观测孔收集地下水资料已经在全世界被熟练采用,这也是一种经济的含水土层分析方法,特别是对于发展中国家。不过没有输水线路是亟待解决的问题。梯田和水塔系统、灌溉、流域管理和植树造林也是 Margalla 山区山坡可行的地下水回补途径。地下堤防也有重要的经济和环境意义。堤防技术已经沿着桥梁下游向南在一些零星地区成功推广,但是没有考虑任何对于整体设施、径流和东北部降雨密度分布的长期影响。当地已有沿着大坝和湖泊的间接地下水回补途径可以被系统地利用起来。由于下游地区对于污染的控制,人工湖泊和水坝的水有着优良的水质。地表水转移、灌溉、沟渠技术和水池途径是值得推荐的人工地下水回补方法。在旱季,无沉积物的水可以直接用这些方法进行地下水回补。此外,这些方法还可以借助慢滤与快速过滤平台的结合以用于水预备系统(即水源的汇集、沉降和过滤),尤其是在洪水期。这套水处理方法的人力和技术支持在数年前就已经具备了。当地植被的沉降和过滤容量可以增大,甚至在雨季也可以将水过滤存储以用于蓄水层地下水的补充。随着拉瓦尔品第南部的水坝建设,Soan 河将会有一条地下水回补流与雷(Lei)河流域的冲积蓄水层相连,这意味着雷(Lei)河流域渗漏到 Soan 河的地下水可以被推延或减少。另外,沿着 Soan 河的土壤侵蚀作用也可减缓。

7.7 相关建议

砂砾层、漂石、砂岩(粗纹或有裂隙的)、壤质土、凝聚物和石灰石是比较合适地下水回补的地表岩石和沉积物成分。在雷(Lei)河流域,砂砾的岩层厚度为 4～50 m。不过这些岩层中存在透镜体,很少在横向有连续性。国家公园地区的情况要好一些,这个地区的地层有着良好的横向连续性,厚度为 9～140 m。为了补充国家公园地区的地下水,可以运用注入井的方法。此方法要求水源无沉积物、无细菌,以避免滤层的淤塞。此外,这种技术的实施有一定难度,要求有相应的专业技术人员。根据1995年Chandio和1988年Jica – Cda的研究,拉瓦尔品第地下水水位从12.5 m降低到22.9 m,伊斯兰堡地下水水位从10 m降低到19.8 m,因此有足够的空间用于地下水回补。不过在填补这些显著的地下水水位缺口的过程中,蒸发损失也很大。主要原因是1994年以来无节制的地下水勘探和雷(Lei)河流域的过度开采。现在雷(Lei)河地区地下水储量水位大约不足10 m。假设土层空隙度为15%,蓄水空间至少要在10 m的深度内容纳3.17亿 m³水(1995年伊斯兰堡和拉瓦尔品第的总用水量是2.49亿 m³(Ahmad,1993;Chandio, 1995;Jica – Cda,1988))。流域面积211 km²的雷(Lei)河地表径流约为171 mm,产生约1.14 m深的地下水,这相当于每年3 600万 m³的产量。此外,还有3 500万 m³的水从科壤(Kurang)河流域地下流入雷(Lei)河流域,也就是说雷(Lei)河流域每年的蓄水容量可以达到7 100万 m³。过去7年的平均蓄水层开采大约为每年1.15亿 m³,即每年超采4 400万 m³,即使地下水开采被完全禁止,地下水位也需要很多年才能恢复到1988年的水平。

　　研究地区的地面沉降和蓄水层损耗情况在持续恶化,中央对当地地下水发展监管控制的长效机制实际上已经丧失殆尽。这种局面必须扭转,因此需要成立中央地下水管理委员会,以管理和控制地下水相关业务,否则现有的损耗和污染率及地面沉降还要加剧(Chandio,1995)。另外,必须成立地方地下水管理机构,不仅为了收集长期的地下水资料,而且为了调控地下水的质量。要立即实行紧急计划来阻止含水土层的进一步损失,全面考虑并加强地区地下水回补有效提升饮用水资源质量的研究,还可以减少不受控径流和蓄水层的损失。保留地下水是旱季和非常时期的可靠储备。这样可以补偿南部地区的人为干扰破坏和西北部的石膏地层的地质问题。应该保护剩余的乡村灌溉区和自然渗透区用做地下水回补。

　　据估计(Jica – Cda,1988),2030年伊斯兰堡和拉瓦尔品第市饮用与灌溉地表水需求总量将达到每年5.46亿 m³,主要由慢滤和快速水过滤厂产出。季风期和冬季的高降雨量可以提供大量的含沉积物的水,在饮用水需求量较低的时期经过沉降和过滤之后可以用以提升地质特性合适地方的地下水水位。由于旱季水的蒸发损失十分严重,这个时期即使是那些少光照和弱风的地区地下水回补都是受限制的。一种将东北部丰水地区的水以自流方式引入干旱的西部和南部的辅助手段可以帮助地下水回补,特别是在低蒸发强度时期。因为研究地区地形波动起伏,为了防止建筑物地下室和基层受潮,地下水水位至少要在地表下 5 m。在各科学者文献协定中,认为依据当地地质和水文条件这些水深应在 2 ~ 3 m。为了避免诸如地下受潮、盐碱化和涝渍等副作用,有必要开辟一片试验地区研究其相关限制和条件。可以将几种适当的方法结合起来利用原有的水井进行地下水回补,例如沟渠和带有孔洞的水池。地下水库存的最佳利用方式就是全年开发和监控,确定相应的防范措施,以保证枯水期能有足够的水储备。除了依靠人工地下水回补设施,水井地区还要注意远离污染的威胁。地下水回补设施最好建设在水源附近,也就是湖泊和水坝周边。这样既可以节约基本设施运输成本,又可以减少水运过程中盐沉淀对管道的腐蚀。据 Jica – Cda 1988 年研究,雷(Lei)河流域每年约有 3 400 万 m³ 地下水完全未经利用就流失到了 Soan 河。在这些地下水损耗里,侵蚀和污染是重要原因。雷(Lei)河河床正在不断加深,因为河流持续增长的污染,地下水污染正在迅速横向并向下游陆地扩散。这意味着如果要获取良好水质的地下水,就要在远离雷(Lei)河受污染河段的地方打井,并且水井还要足够深。所以雷(Lei)河流域地区水井都会因为水质不好而被废弃,于是这些地区的地下水资源又会白白流失到 Soan 河。基于以上情况,有三个需要优先解决的问题:第一,清除雷(Lei)河的废水和污染,使其恢复自我更新能力;第二,启用流域管理以抵消侵蚀的损害;第三,控制蓄水土层的损耗。要采取相应的措施反对石灰石、砂岩、沙粒、漂石、沙、黏土和黄土的开采(例如砖窑业)。

为了解决拉瓦尔品第地区雷(Lei)河洪水问题,相关部门尝试了深挖线形运河和从丰水区调水的方法。可以把地表水通过分支运河转向相反的方向,以补充西部人工和自然地下水回补,以此补偿当地稀少的降雨并加快地下水的下渗。由于增大的降雨强度和东北部山区的径流,在季风期很难将泛滥的雷(Lei)河水引入科壤(Kurang)河,所以说将雷(Lei)河的水引入科壤(Kurang)河是很难实现的。那些自然封闭的地区可以用于民生建筑物的建设,但是其他的自然渗透区应该整合规划,以作为无污染地下水回补流域。由于当前研究地区并没有系统的地下水回补设施,我们最好从小型工程入手,这样可以有效积累相关经验。工程的选址应该科学地根据地质、水文和水文地理环境的相关调研确定。从长远来看,伊斯兰堡和拉瓦尔品第的水过滤厂及水处理厂应该增大容量以覆盖城市和乡镇,同时应整合地下水回补设施。

对于流域管理,需要加强水土保持、土壤侵蚀控制和堤防技术。从东北部多雨区开始,逐渐向南部和西南部的旱区发展。应根据沿线的降雨深度、强度、排水网络密度和径流深度制定方案,以削减土壤侵蚀、防止对堤防和桥梁的危害和 Soan 河南部地下水的流失。以上技术已经被熟练运用,不过只是用于地方桥梁的防洪保护。根据河流沿岸的水文地质条件,堤防建筑应该沿垂直和水平方向扩大,这样还是会影响地下水的补充。随着以上设施的发展,地下水监控的基础设备也需要整合。Potwar 地区有典型的适应当地气候的植被和树木,它们不仅能保水分还有显著减缓水分蒸腾的作用,因此开发本土植物的潜力,比引进外来植物更大。在当前建筑工程如火如荼的背景下,建立一套伊斯兰堡地质勘探系统有利于持续的地质填土工程。当这些工程完工后,就不太可能获取研究地区的基本地质资料和数据。自然资源的长期规划往往没有包括地方可能缓解环境恶化的科学技术和传统方法。1960年的总体规划中被放弃的伊斯兰堡棋盘式城市布局开发计划,又被各学科根据水文地质条件加以修正。我们不应该因为短视的政治利益而牺牲长远持久的社会生态解决方案。

参考文献

Ahmad, N. 1993. Water Resources of Pakistan and their Utilisation Pub. 61 – B/2, Gulberg III, i – 5. 19 (Lahore, Mirajuddin).

Baumgartner A & Liebscher, H – J. 1990. Allgemeine Hydrologie, Quantitative Hydrologie (Stuttgart Berlin, Gebr. Bomtraeger), 606 pp.

Beg, M A A. 1990. Sustainable development in Pakistan, in: Environment, Pak & Gulf Economist, 21 – 27 April 1990, pp. 48 – 49 [Karachi].

CDA – Report . 1960. Geology, subsoil, groundwater, Doe. DOX – PA 61 (1 – 2 – 60), Committee No. IV, Data and Suggestions, prepared for the Govt. of Pakistan, CDA, Doxiadis Associates, Consulting Engineers, unpublished 108 pp. , Athens.

Chandio B A. 1995. Water management policies to sustain irrigation system in Pakistan, in: Proceedings of Regional Conference on Water Resources Management, Isfahan, Iran, pp. 119 – 128.

Fetter C W . 1994. Applied Hydrogeology, 3rd edn, pp. 192 – 200 (New Jersey, Prentice – Hall Simon & Schuster).

Hantke H. 1981. Vergleichende Bewertung von Anlagen zur Grundwasseranreicherung, in: Verein zur Förderung des lnstituts für Wasserversorgung, Abwasserbeseitigung und Raumplanung der TH Darmstadt, pp. 1 – 2 (Eigenverlag, TH Schriftenreihe WAR 6).

Hantke H. 1982. Neuere Erkenntnisse beim Bau und Betrieb von Versickerungsbecken zur kün – stlichen Grundwasseranreicherung, in: 5. Wassertechnisches Sem. am 8. Okt. 1982 in Darmstadt an der TH, pp. 134 – 179 (Darmstadt, Schriftenreihe WAR 16).

Hantke H. 1984. Einige Besonderheiten der künstlichen Grundwasseranreicherung in Australien, in: Gwf – wasser/abwasser, 125 H. 10, pp. 478 – 481.

Heath R C & Trainer FW. 1968. Introduction to Groundwater Hydrology (New York, Wiley).

Jica – Cda. 1988. Regional study for water resources development potentials, Metropolitan Area of Islamabad – Rawalpindi, unpublished, Appendix: A (Meterology and Hydrology), 260 pp. , Appendix: B (Geology and Groundwater), 84 pp. , Appendix: C (Water Demand Projection), 136 pp. ,Appendix: D (Preliminary Design of the Facilities), 129 pp.

Khan L A & Ismail M. 1982. Hydrogeological investigations in the Soan Basin, GWI Report No. 39, Potwar Plateau, Punjab, Hydrogeology Directorate, WAPDA, August 1982, unpublished, 119pp. [Lahore].

Kolb H. 1994. Abflußverhalten von Flüssen in Hochgebirgen Nordpakistans, Grundlagen, Typ – isierung und bestimmende Einflußfaktoren an Beispielen, Beitr. u. Mat. z. Reg. Geogr. , H 7, pp. 21 – 113 [Berlin].

Lei Report . 1987. Feasibility report on flood control of the Lai Nullah in Rawalpindi city. Part I: Pucca channelisation of the Lai Nullah. Part II Modified part diversion proposal, Chief Eng. Advisor/Chairman Federal Flood Commission, Ministry of Water & Power, Govt. of Pakistan, Islamabad (unpublished).

Lockwood J G. 1974. World Climatology: An Environmental Approach (London, Edward Arnold).

Malik A H. 1996. Hydrogeological investigation of the Lei Drainage System (Islamabad – Rawalpindi, North Pakistan) with special reference to the possibilities of natural and artificial groundwater recharge, approved dissertation, Technical University Berlin.

Pasha H A & Mcgarry M G. (Eds). 1989. Rural Water Supply and Sanitation in Pakistan: Lessons from Experience, World Bank technical paper, p. 1 (Washington, DC, World Bank).

Pfau R. 1966. Ein Beitrag zur Frage des Wassergehaltes und der Beregnungsbedurftigkeit landwirtschaftlich genutzter Böden im Raume der EWG, Meteorologische Rundschau, 19, pp. 33 – 46.

PNCS. 1991. The Pakistan National Conservation Strategy, Where we are, where we should be, and how to get there (Islamabad, Environment & Urban Affairs Division, World Conservation Union), pp. 28 – 196 [Karachi].

Report, NCA. 1988. The Report of the National Commission on Agriculture (Islamabad, Ministry of Food and Agriculture, Govt. of Pakistan).

Schmiedecken, W. 1978. Die Bestimmung der Humidität und ihrer Abstufungen mit Hilfe von Wasserhaushaltsberechnungen, Colloquium Geographicum, 13, pp. 136 – 159.

Tahir M A, Bhatti M A & Majeed A. 1994. Survey of drinking water quality in the rural areas of Rawalpindi district, in: Pakistan Council of Res. in Water Resources, unpublished report, pp. 50 – 163 [Islamabad].

Thomas H E. 1970. The Conservation of Ground Water: A Survey of the Present Groundwater Situation in the USA (Greenwood Press) pp. 187 – 271.

Todd D K. 1980. Groundwater Hydrology 2nd edn (New York, Wiley), pp. 2 – 520.

第 8 章　国外援助与机构多元化的尼泊尔生活用水部门

（SUDHINDRA SHARMA 著）

　　本章着重讨论了国外援助在尼泊尔国内水利部门发展中所起的作用,通过对生活用水部门案例的研究,检视尼泊尔国内部门优先投资顺序如何受到国际话语的影响。追溯 20 世纪 70 年代早期给水排水处成立,20 世纪 80 年代的快速扩张及 20 世纪 90 年代生活用水部门所扮演角色受主流话语的争议。

8.1　概况

　　本章主要目的是考证国外援助在尼泊尔水利部门形成与发展中所起的作用。主要内容包括:从 1951 年尼泊尔国家规划纲要中优先发展水利开始,包括从 1951 年开始关于水利部门部分文件和分析,即从第一个五年计划(1956 ~ 1960 年)到第八个五年计划(1992 ~ 1997 年);接下来的部分,通过多年的五年计划报告、年度预算、重要报告以及个人讲话,将再现现代尼泊尔的水利发展;最后,简要叙述了 20 世纪 90 年代中期水利部门的组织形式,讨论并总结了国外援助所起的作用。

8.2　1951 年前发展与生活用水

　　1951 年是尼泊尔历史的重要分水岭。推翻了君主独裁统治,实行君主立宪制。这个划时代的事件标志着尼泊尔完全脱离了殖民统治[1]。从 1951 年开始,尼泊尔尝试着向世界开放,一改以前“孤立主义者”的形象。从 1951 年开始,政府机构开始扩编并以社会福利为中心开展工作。而现代观念认为,建立和扩大现代官僚机构的模式是缺乏科学性的传统的官僚作风。

　　1951 年以前,那拉政权关注的仅仅是国家税收,国家的运行模式是最大限度地从农民身上榨取更多的税收并尽力降低政府开销。相反,1951 年后,政府在减轻农民赋税的同时更多的支出用于公共事业。对于财政盈余,1951 年后的国家政权将其作为国家财产的一部分,而那拉政权将其作为私人财产奖励给政府官员。1951 年后随着财政预算的急剧增加,尼泊尔逐渐允许援助资金的引入。

1951 年以前,与其他基础设施建设一样,国家基本上没有投资供水用水,只有那拉王朝的政府官员们才有可能通过国家手段使他们及家庭用上自来水。那时自来水被认为是奢侈品,只有皇亲国戚这类权贵才有可能用上,也被认为是值得夸耀、有富足的财富才能购买的产品。很显然,自来水不是老百姓想象中维持生计的必需品,而且那时国家对民众福利事业也没有积极的投入。

8.3　生活用水,五年计划及尼泊尔政府

8.3.1　计划前期(1951～1955 年)和第一个五年计划(1955～1960 年)

在 1951 年以后以及准备第一个五年计划期间,美国是尼泊尔的主要援助国。1955 年尼泊尔成为联合国正式成员国后,印度也参与了对尼泊尔的援助。就美国自身利益来讲,援助的战略性在于尼泊尔是对抗红色中国的最前线,特别是 20 世纪 50 年代后期中国解放西藏后,这种战略意义显得更为重要。印度援助尼泊尔更多的是出于和中国对抗的安全考量,同时也起到平衡其地区影响范围中不断壮大的美国势力的作用(Dharmadasini, 1994; Khadka, 1997)。

第一个五年计划的总目标是增加生产及就业机会,提高民众的生活水平,建立社会稳定发展的规章制度(国家发展纲要,1959)。根据政府的实际投资情况和当务之急,第三目标即建立社会稳定发展的规章制度,该目标被列为优先考虑。国家在交通运输方面的投资即可说明其在加速和扩展中央政府行政能力方面的作用。

第一个五年计划时期,美国和印度是尼泊尔的主要援助国,中国、英国、瑞士和联合国在第一个五年计划后期均纷纷加入到援助国之列。

第一个五年计划最优先发展的部门是交通与运输,紧接其后的是农业与灌溉部门。饮用水(与灌溉一起)列于公共工程部(The Public

Works Department）名下，后来依次隶属于农业部（The Ministry of Agriculture）、运输部（The Ministry of Transport）和建设部（The Ministry of Construction）。考虑到饮用水工程的重点首先是各城区，因此编入国家财政总预算的费用不到总预算的 10%。

8.3.2　第二个五年计划（1960～1965 年）

和上一个五年计划类似，国家优先发展的是交通运输和电力，交通运输被认为是政令畅通的必要条件。这个五年计划的目标是增加生产，创造社会稳定发展的环境以及创造更多的就业机会（国家计划委员会，1962）。

饮用水工程在本计划中仍然隶属于公共工程部，其预算占国家财政总预算的 1%～2%。工作重点为增加城镇供水，公共事业被列为第五发展行业。

中国的援助，始于第一个五年计划，在第二个五年计划继续增加投入。与美国和印度一样，中国对尼泊尔的援助源于其战略利益的考虑，并希望尼泊尔支持中国对西藏自治区采取的行动，不干涉其国内事务，以及在中印边界冲突中保持中立（Khadka，1997）。

8.3.3　第三个五年计划（1965～1970 年）

和前面的五年计划一样，国家优先发展交通运输和电力行业。新建的南 - 北支线公路（The North - South feeder roads）作为东西高速公路（The East - West highway）的辅助，将为高速公路博取最大经济利益。国家把农业作为第二优先发展的产业，但在德赖（Tarai）地区农业被优先发展（Stiller & Yadav，1979）。

第三个五年计划的总目标是提高农业生产力，促进制度改革和构建经济基础。这个时期发展的一个典型就是将处于社会边缘的民众整合到现有的社会和政治结构当中。社会公共事业逐渐地被认识，发展为投资的重要领域并被列为第三优先发展（国家计划委员会，1965）。在该五年计划中，饮用水工程和以前各时期一样隶属于公共工程部，每年预算占国家财政总预算的 1%～2%。在各国的援助中，以印度为主参与支持水利部门，推进水利部门在全国各地建立饮用水的配套措施（Khadka，1991）。直到 1970 年，只有 3.7% 的全国总人口才能用上自来水(联合国儿童基金会/国家计划委员会,1999)。和以前的计划一样,该五年计划的工作重点还是放在增加主要城镇的供水上。而官方统计的数据是那些以管道供水为基础的供水。

8.3.4　第四个五年计划(1970～1975年)

第四个五年计划的总目标是继续增加生产,加强基础设施建设,鼓励、发展多样化的国际贸易(国家计划委员会,1970)。

在计划纲要中,社会公共事业被列为第四优先发展,但根据实际财政支出排在第三优先的位置。在以前的各个五年计划时期,饮用水工程隶属于公共工程,从这个时期开始,饮用水工程划分到社会公共事业中,并在1972年规划成立给水排水处,定于1974年正式运作。工作重点仍然以城镇供水为主,虽然在非城镇地区地方首长也开始关注饮用水问题。

在第四个五年计划的前几年,饮用水工程部每年支出占国家财政总预算的1%～2%,但随着给水排水处的成立和运作,预算增至总预算的3%～6%[2]。饮用水工程受到更多优先政策照顾的主要原因是干净、卫生的饮用水作为生活的基本需求应受广泛的重视。

在20世纪70年代早期,更广泛地来讲,尼泊尔国内有两个机构负责饮用水供应。一家是负责向人口超过1 500人的社区供水的给水排水处,另外一家是负责向人口少于1 500人的社区供水的联合国儿童基金会(UNICEF),后来由瑞士国际合作协会(HELVETAS)负责,最后由当地发展部门和村务委员会负责实施。这两个方案使得它们在供水部门中扮演着提供基本生活用水的重要角色。

在这个时期值得关注的事情是随着中美关系正常化,美国在本地区的利益逐渐衰减(Dharmadasini,1994),同时印度作为地区强国的优势也开始显现。从20世纪70年代开始超级大国在尼泊尔利益的衰落也使得经济合作发展组织(OECD)与国家发展援助委员会(DAC)成员国和多边借贷机构能够进入尼泊尔。这些在后续多个五年计划中相互援助的经合组织国家发展援助委员会成员国为尼泊尔在经济与技术领域提供了广泛的援助,包括运输、旅游观光、电力、技术教育、供水等多方面(Khadka, 1991;Dhamadasini,1994)。

　　在这些多国组织中不论是提供援助的机构(例如联合国开发计划署,联合国儿童基金会和国际劳工组织这类联合国的下属机构、国际开发协会),还是亚洲开发银行这类借贷组织从 20 世纪 70 年代开始都积极地在尼泊尔开展业务。这个计划时期世界银行参与到饮水部门,并于 1973 年参与到城市供水部门的工作中,组织了供水管理委员会。从那时起,世界银行一直参与城镇供水;除此之外,亚洲发展银行后来也加入到饮用水工程部,不过工作重点放在农村。由世界银行援助的给水排水工程,作者从 1974 年开始在加德满都(Kathmandu)和博卡拉(Pokhara)都曾经参与。

　　到第四个五年计划末期,据官方统计,全国有 7.25% 的人口能够用上自来水。

8.3.5　第五个五年计划(1975~1980 年)

　　第五个五年计划的目标是增加生产、扩大劳动力需求和促进国内各区域平衡发展(国家计划委员会,1975)。

　　根据实际投资和优先顺序,社会公共事业在这个时期被列为第四优先发展。同教育、卫生、村务委员会一起,饮用水工程隶属于社会公共事业。在整个五年计划时期,平均分配到饮用水工程的预算费用占总预算的 3%(财政部,1994)。

　　在这个五年计划期内,饮用水工程部第一次提出了明确的计划和目标。其目的是在适宜地点通过自来水管网使更多人用到安全、卫生的饮用水,然后逐渐在城镇完善排水系统。工程部在第五个计划期的目标是向全国 13.1% 的人口提供饮用水服务。在计划末期根据实际所取得的成绩,全国 11% 的人口已加入到使用自来水的行列中。

　　和第四个五年计划类似,给水排水处的工作重点是市区和地方中心县市,同时由非政府机构组成的公共团体则将重点放在向农村偏远地区供水。从 1981 年开始,卫生也被列入到这个五年计划中,这就是后来有名的供水与环境卫生项目。在这个五年计划时期,世界银行资助的供水与排水工程的第一阶段得到延续,从 1977 年开始工程的第二阶段首先在 Biratnagar 和 Birgunj 实施,并在 Kathmandu 和 Pokhara 继续扩大试验范围。同样地,工程的第三阶段始于 1980 年。

8.3.6 第六个五年计划(1980～1985年)

和上个时期一样,地区差异和难以满足民众基本需求成为这个时期发展的潜在威胁。这个时期也被认为是巩固农村发展成果的时期(国家计划委员会,1980)。

这个五年计划正好和供水与卫生十年计划(1980～1990年)一起开始。在这个时期,包括了饮用水工程的社会公共事业部被列为第三优先的投资部门(占全国财政总预算的24%)。根据实际支出状况,社会公共事业已经超过了交通运输,农业和灌溉成为最优先发展的部门(占全国财政总预算的31%),而饮用水工程部最终得到的财政预算平均占全国总预算的3.5%(财政部,1994)。

第六个五年计划饮用水工程部的目标是增加饮用水设施,减少地区差异,为更多民众提供饮用水,满足最低的基本生活需求。目标的实现也包括最大可能地动员当地的资源、技术和劳力,让民众积极地参与建设饮水设施和城市排水设施。

截至1980年底,全国只有11%的人口能够用上自来水,而第六个五年计划着重通过建设饮水设施,规划将全国人口的30%纳入自来水供应网络中。国际上这十年(1980～1990年)的目标是到1990年努力实现向所有人供水。显然,在尼泊尔设定的目标没有如此艰巨,到1990年向全国2/3的人口提供安全优质的饮用水。因为要达到以上设定的目标,各种资源(财力)需求自然很快地上升。截至1990年底即十年计划的末期,供水覆盖范围占到全国总人口的37%。

从1984年开始,收支作为一个整体,国内水务部门的贷款首度超过资助。在1985年,尼泊尔政府和亚洲开发银行签订了第一个农村供水项目——农村供水第一期项目(1985～1993)。

在该五年计划末期,即20世纪80年代中期,有报告评估给水排水处的目标为何没有达到和卫生有关的设施计划得不到执行。报告指出给水排水处设定的目标过高,建议在考虑实际情况后降低目标。报告还显示,无论是给水排水处还是联合国儿童基金会资助的工程都很难实现预想的目标,最后还是得让更多政府机构及非政府机构参与到饮水和卫生部门当中。报告还为非政府机构设定了框架,在服务人数不多于500人的情况下能够实现80年代的既定目标。

8.3.7 第七个五年计划(1985~1990年)

这个时期是实行无党派评议会制的最后几年。与上个五年计划相同,这个时期的工作重点是满足民众的基本生活需求,其他的目标包括增加产出、提高民众的购买力以及扩大就业(国家计划委员会,1985)。国家依次优先发展农业灌溉、工业、煤矿、电力以及社会公共事业,但是根据该五年计划时期支出情况来看,社会公共事业的支出位列第一,占全国财政总预算的33%。饮用水工程部作为其下属机构在这个计划时期内每年平均预算为全国总预算的4%。

饮用水工程部在第七个五年计划期内的基本目标是尽可能地建造饮用水设施,将饮用水与其他生活必需品一并提供给多数民众,在城镇完善排水设施,并有效地在城市和农村地区普及环保教育。

在这个时期,政府和亚洲开发银行签订了农村供水第二期项目(1989~1995),给水排水处也积极地制定优惠政策来鼓励和引导公共团体参与饮水工程建设。

在8.3.6节提到了80年代中期的评估报告,报告中建议参与供水建设的非政府机构服务的人数少于500人,这样可以使得更多的政府机构与非政府机构参与到水务建设中来。在国家社会公共事业联盟委员会成立后,很多团体、机构在80年代中后期都加入联盟。值得一提的是Water Aid于1987年加入联盟,荷兰的志愿者机构DSVI于1989年、路德教会全球服务中心于1989年、尼泊尔的CARE于1989年、挪威的Redd Barna于1987年加入联盟。而类似于尼泊尔红十字会等机构则是更早就加入给水排水处的工作。在较早时期,红十字会和Redd Barna参与到偏远社区的供水工作时,政府的评估报告就鼓励这些非政府机构将重点放在农村饮水安全和环境卫生上。

在饮水安全和环境卫生工程上,非政府机构与政府机构的最大差别在于非政府机构的工作能够触及到行政力达不到的地方;另外,非政府机构更小,更具有技术背景而少有形式主义,在卫生环境方面能够更灵活地作出决策和利用资源。

在第七个五年计划期内,亚洲开发银行参与到农村供水第二期项目,参与的非政府机构包括有联合国开发计划署和联合国儿童基金会等。

8.3.8　第八个五年计划(1992~1997年)

1992年民选政府的五年计划终于定稿,比预期出台的1990年晚了两年(1990年尼泊尔爆发大规模的"人民运动",国王比兰德拉被迫实行君主立宪的多党议会制——译者注)。第八个五年计划的主要目标是加速经济增长、减少贫困和平衡地区差异(国家计划委员会,1985)。在这个时期,社会公共事业被国家放在最优先发展的位置,其年度预算占国家财政总预算的31%,而饮用水和环境卫生平均占全国总预算的6%。

在第七个五年计划和第八个五年计划期间起草了一部具有里程碑意义的文件——供水、卫生回顾与发展规划。国家计划委员会也将这个文件作为本时期饮水和卫生部门发展的纲要、政策和方针。

饮水与卫生部门在第八个五年计划的主要目标是:①向全国72%的人口提供饮用水,并且在未来十年致力于向全体民众提供饮水;②在清理和保护环境的同时向更多的民众普及健康卫生知识,提供卫生设施。在这个计划的纲要中清楚地说明了工程实施可以通过非政府机构、私人企业、公司和用户来执行。

在这个时期收到第三笔来自亚洲开发银行的贷款,因此农村供水第三期项目(1992~1997)也进入积极的准备及实施阶段当中。这期间由芬兰资助的农村供水与环境卫生项目一启动就在农村供水工程部中扮演非常重要的角色。随后由世界银行参与的只面向城市供水的JAKPAS(Janatako Afno Khane Pani Ra Sarsafai)和供水与环境卫生计划从1993年开始也加入到农村供水工程中来。

第八个五年计划时期见证了给排水部门中各非政府机构的密切合作。当尼泊尔健康饮水协会和尼泊尔红十字会这些非政府机构不断地扩展其服务范围的时候,新的合作者例如行动救援协会(Action Aid)也参与到这个平台。这个时期给排水部的另外一件大事就是世界银行出台的报告严重的质疑给水排水处作为一个领导机构在饮水与卫生环境工作中所扮演的角色,导致目标和最后结果相去甚远,建议解散给水排水处。这番言论也让给水排水处受到极大的震撼。

这个五年计划时期显著的特点是最早进入援助队伍的联合国儿童基金会逐渐地退出给水排水处,其理由为:第一,越来越多的机构参与到供水与环境卫生的工作;第二,在世界各国其他地方供水与环境卫生都是急需解决的民生问题[3]。

到该五年计划末期的 1997 年,据政府统计,61% 的人口已纳入供水的范围,比原计划的 70% 的人口少了 9 个百分点。虽然有接近 2/3 的人口能够使用安全卫生的饮用水,但还有超过 1/3 多一点的人口未能纳入安全饮水体系。

8.3.9　国内水利部门的突出特点

到第八个五年计划(1992～1997),国内水利部门有以下突出的特点。

(1)对问题采取一致措施。在所有参与者之间对关于进入水利部门工作的解释基本达成共识。"需要进入是因为大多数不易达到目标的地区民众得不到安全、卫生的饮用水,并且缺乏相应的服务水平;由于水传疾病,婴儿的死亡率上升;不健全的卫生设施及引起的健康威胁和征用妇女劳工等。因此,鉴于饮用水部门欠缺的服务水平和覆盖率,对饮用水部门进行干预。"

(2)关于制度安排与资源动员的讨论。为了尝试提供更佳的服务覆盖率及优质的服务水平,解决方法重视适当的制度安排和资源动员策略。关于"适当"的制度安排,讨论的焦点在于政府机构、地方政府机构和非政府机构在与用户协会一起提供服务和工作安排时各自所扮演的角色。类似的,对于资源动员策略,争论的焦点在外部资金(国家或多国的援助)和地方资金(地方政府与客户),以何种方式融资(以实物、劳力或现金)以及如何动员资金。

(3)技术及其社会承担者。在 Tarai 地区,为了改进生活用水,供水采用重力水供给系统,高密度聚乙烯作为首选为山区和管井供水。现有的标准设计手册很容易被技术人员掌握。从 1980 年中期开始,除了给水排水处,各政府机构和非政府机构的技术职员作为社会承担者参与到当地社区培训中。

（4）重视卫生与健康。在执行水利部门一系列的方案时，一致认为生活用水供应不应仅仅满足安全饮水，还应该在卫生、健康上更有所作为。因此，一致同意将卫生、健康综合处理并入到生活用水规划中。但是，如何实施这些方案在不同的地区也不同，有些是兴建公共厕所，另一些则是在更广的面上实施细则。

（5）多元化的机构。有很多机构参与到生活用水部门与卫生部门的工作中。除了中央政府，还有多国贷款、双边捐赠、国际和地方非政府组织等。

（6）单个援助依靠。每一个生活用水和卫生规划都有双边或多边的援助，也有各自的制度安排与资源动员策略。每一个规划或工程都来自单个援助，否则工程太大反而得不到各援助方的支援，所以将大型工程细化以满足资金来源多样化的要求。

（7）社区管理制度。到 20 世纪 90 年代中期，社区管理制度取代了之前的社区参与制度和临时制度。社区管理制度设想将社区置于主导的地位，自己提出需求，自己进行工程准备，在工程建设完毕后，社区自己进行运行和维护管理。该制度将社区作为工作的伙伴，不仅仅是对象。

（8）关注公民社会。经历过 1990 年的人民运动与政治剧变后，生活用水的各工程和项目开始审视它们在公民社会中所扮演的角色。各工程和项目不仅加强与用户群的联系，而且以工程的形式纳入市民生活用水部的不同工程与项目目前以不同水平在运行，通过与当地的政府机构合作，显而易见政府机构应加强合作以提高自身的能力。

8.4　国外援助及其在尼泊尔优先权的变革

尼泊尔的生活供水部门通过特许，首先以双边互赠的形式获得国外援助，随后以多边贷款的形式获得贷款，使得尼泊尔国营企业性质发生变化。

细读尼泊尔国外援助历史的人都知道，从 20 世纪 60 年代开始就有大国的战略利益于此。像美国、印度、中国都是尼泊尔的主要援助国。那时，国外援助主要是双边事务。

有一段时间占国际主流的思潮是确信一个强大的和带有干涉主义的国家能够促进国家发展和现代化,而摆脱殖民统治,通过与传统和封建彻底脱离关系则可以迎来多数公民的福利社会。这种认识还意味着国家的发展不仅要在政治上保持主权独立,而且还应负责管理和发展国民经济。

随着超级大国在这一地区利益的衰减,在20世纪70年代早期多边贷款机构纷纷进入尼泊尔。由于双边的援助主要基于战略考量,多边援助与贷款涉及较少。在双边援助中如果国家机构处于相对强势,该国可以确定自己开放的优先领域。而多边贷款机构,作为债务人合法与国家建立伙伴关系,确定国家在国民经济领域的主权和控制权。在原则上,国家作为借款人应当能够通过谈判的条款和条件进行信贷。在实际中,国家不能这样做,因为这些部门的优先顺序和实际的分配资金受到国际主流话语的影响。

详细了解规划工作的人应该很清楚,直至70年代初期结果才显现,由双边捐助者的补助金继续用于基础设施建设,即交通和通信之后的农业和灌溉,那时社会公共部门(例如饮水部门)受到较少的优先待遇[4]。在未来的多边援助中,这一情况在一定程度上得到改善,农业和灌溉继社会公共部后得到了更大的重视。在这方面,尼泊尔的经验和大多数发展中国家类似[5]。

生活用水的问题在国际趋势中是一个国家必须为社会福利提供的基本服务,饮用水与健康之间的紧密联系在70年代饮用水和排水部门得到建立与扩大。国家被视为唯一合法机构和主要方式来履行这一基本需要。20世纪70年代尼泊尔国内用来建设饮用水和卫生的资金主要来自联合国儿童基金会、世界银行、印度及其国内资源,后来亚洲开发银行也参与其中。

由国际十年设定的目标为80年代供水部门的扩展提供了动力,而资金则是由多边贷款机构提供给政府。1985年举行的中期回顾表明,仅靠供水部门的努力不足以满足设想和目标,也不能为非政府机构提供框架来达到既定目标。这样的直接结果是供水部门有更多的双边援助,非政府机构和海外志愿机构参与其中。更多的参与者加入到供水部门就意味着给水排水处所扮演的角色从唯一合法的参与者变成一个"领导机构"。

如果在 70 年代初,尼泊尔国家是供水发展的首要推动者,在 90 年代初它将会被看做是一个问题。在自由主义的词库中,谈到停止这种发展状态,让更多新的方式融入到发展这个词汇中来。这种观点在 90 年代占主导模式。因此,在第八个五年计划中,来自微观经济学的术语——呼唤"重新开始"的状态和自信的市场方式接管——引导不同领域的政策和规划,包括饮用水和环卫部门。这样,这个新的明智行为通过操作水利部门呼吁给排水处限制自己参与政策制定、监管和监测工作,而私营部门参与处理剩下的工作。随着给水排水处职能的变化,其扮演着一个服务商而不是执行者的角色。

到 90 年代中期,给水排水处决定改变在水利部门中所扮演的角色。而作为迄今为止具有建设导向的中央部门越来越朝一个服务者的角色演变。给水排水处将这些正在进行的变化归纳为四点。第一是控告给水排水处的行事方式,检讨没有完成十年发展计划的原因;第二是来自世界银行的批评——要求给水排水处解散;第三是面对日益扮演重要角色的非政府部门,在第八个五年计划时期制定相应政策;第四是亚洲开发银行要求给水排水处接受修正后的角色,如果给水排水处还打算开展第三、四期农村供水计划[6]。具有讽刺意义的是,它主要的压力来自外部(暗地威胁使其顺从),其他参加到该领域的进入者也迫使给水排水处寻找一个新的角色。

在 90 年代生活用水部门被越来越多地认为扮演着多重角色。和前 20 年相比,给水排水处的职能受到了较多的限制。虽然给水排水处在供水范围方面有所减少,但与国家所设想的理想角色仍有不同。在参与到供水部门中的援助者中,一些在体制外工作,另一些在以前政府构建的机构里服务。

70 年代初期设立的给水排水处在 80 年代快速扩张,在 90 年代其在生活用水部门中所扮演的角色和国际潮流不同而遭到广泛的讨论。一个国家依靠外部资源作为其发展资金,在很大程度上部门优先发展和投资的顺序受国际潮流的影响。这种趋势似乎表明尼泊尔未来生活用水的管理在很大程度上依然受到国际话语的影响。

致谢

作者在此向 Ajaya Dixit, Juhani Koponen, Ulla Vuorella 和 Dinesh C. Pyakurel 表示诚挚的感谢, 感谢他们在该章成文期间所提出的建议。也要感谢芬兰科学院与福特基金会的资助, 使得该章的研究成为可能。

注:

1. Some, however, regard it as a semi – colony.

2. Interview with Dinesh Chandra Pyakurel, Director General, Department of Water Supply and Sewerage, 5 July 1997.

3. Interview with Raju Dahal, Adviser, UNICEF – Nepal, March 1999. Also see UNICEF – NPC (1997).

4. Commenting on this state of affairs Khadka (1991, p. 246) writes, "The grant money for projects or sectors such as drinking water, is incomprehensible".

5. Development Committee, Aid for Development, (1986) p. 15 cited in Khadka (1991, p. 279).

6. Interview with Dinesh Chandra Pyakurel, Director General DWSS, February 1998.

参考文献

Blakie P, Seddon D & Cameroon J. 1980. Nepal in Crisis: Growth and Stagnation at the Periphery (New Delhi, Oxford University Press).

Cameron J. 1995. ′Development thought and discourse analysis: a case – study of Nepal′, in: K. Bahadur & M. Lama (Eds) New Perspectives on India – Nepal Relations (New Delhi, Har – Anand Publications.

Dharmadasini M D. 1994. Nepal: Political Economy of Foreign Aid (Varanasi, Shalimar Publishing House).

Khadka N. 1991. Foreign Aid, Poverty and Stagnation in Nepal (New Delhi, Vikash Publishing House).

Khanal Y N. 1977. Nepal Transition From Isolationism (Kathmandu, Sajha Prakashan).

Khadka N. 1997. Foreign Aid and Foreign Policy: Major Powers and Nepal (New

Delhi, Vikash Publishing House).

Ministry of Finance. 1994. Economic Survey 1993/1994 (Kathmandu, His Majesty's Government).

National Planning Board. 1959. Nepal's Draft Five – Year Plan, 1956 – 1961 (Kathmandu, His Majesty's Government).

National Planning Commission. 1970. The Fourth Plan 1970 – 1975 (Unofficial Translation), (Kathmandu, His Majesty's Government).

National Planning Commission . 1975. The Fifth Plan 1975 – 1980 (Unofficial Translation) (Kathmandu, His Majesty's Government).

National Planning Commission . 1980. The Sixth Plan 1980 – 1985 (Unofficial Translation) (Kathmandu, His Majesty's Government).

National Planning Commission . 1985. The Seventh Plan 1985 – 1990 (Unofficial Translation) (Kath mandu, His Majesty's Government), pp. 8 – 9.

National Planning Council . 1962. Dosro Teen Barshe Yojana (The Second Three – Year Plan 1962 – 1965) (Kathmandu, His Majesty's Government).

National Planning Council . 1965. Tesro Pancha Barse Yojana (The Third Plan 1965 – 1970) (Kathmandu, His Majesty's Government).

Stiller L F & Yadav R P. 1979. Planning For People (Kathmandu, Human Resources Development Research Centre).

UNICEF – Nepal and National Planning Commission, Nepal . 1997. Children and Women in Nepal: A Situation Analysis (Kathmandu, UNICEF – Nepal and National Planning Commission).

UNICEF – NPC. 1997. Diarrhoea. Water and Sanitation: Nepal Multiple Indicator Surveillance (Kathmandu, NPC in collaboration with UNICEF Nepal).

World Bank. 1993. Nepal – Water Supply and Sanitation Sector Issues Paper, (the Mitchell Report) South Asia Country Department – I, Energy and Infrastructure Operation Division, Report No. 11479 – NEP (Washington, DC, World Bank).

第9章　斯里兰卡城市水务管理
所面临的挑战

（L. W. SENEVIRATNE 著）

1985 年斯里兰卡城市人口占全国总人口的 22%，却居住在 1% 的国土面积上。居住在人口密集潮湿的沿海地区，基本生活保障越来越需要安全卫生的自来水。地表水和浅层地下水经过净化后被输送到国内水网和公共供水站。为了保护居民的利益，各地水资源由地方议会、国家给水与排水委员会和灌溉部门负责管理。新工程完工后每年将有 100 000 人参与供水体系工作，计划 2005 年全国都能够用上饮用水。本章将讨论制度和资金等方面的问题。

9.1　斯里兰卡简介

斯里兰卡国土面积 65 519 km²，截至 1998 年全国总人口达 1 800 万，其中城市人口为 380 万。城市大部分人口集中在科伦坡（首都）地区。而在西北省地区人口密度最大，人口占全国总人口的 1/3。沿海地区由于其发达的生产力，聚集的人口占全国总人口的比例也将近 1/3。农业、工业以及商业贸易的发达使得科伦坡（Colombo）、加姆珀哈（Gampaha）、贾夫纳（Jaffna）成为人口密度最大的城市，其次是卡卢特勒（Kalutara）、加勒（Galle）、马特勒（Matara）、凯格勒（Kegalle）和康提（Kandy）地区，这些地区水资源充沛，生产力比较发达。贾夫纳地区石灰岩十分发育，相对于地表水资源，地下水资源更为丰富。在潮湿地区提供到用户家里的自来水主要来自地表径流和地下水，而地处岩溶区的贾夫纳则靠深井维持生活必需用水。

目前，380 万城市人口中 76% 的人口能够用上饮用水。许多城市分布在海岸线上，城市水源主要源自中部山脉终年不断流的河流。这些沿海城市唯一的缺陷是存在被洪水淹没的危险，城市中的一些低洼地区由于没有人居住而荒废。安全地带已经人满为患,随着人口的大量增加,那些以前被认为不适宜居住的地方也开始成为居所,并急需生活必需的饮用水。1985 年斯里兰卡占全国 22% 的人口居住在 1% 的国土面积上。而科伦坡拥有庞大的市场、学校、医院、银行和国家机器,以及吞吐量很大的集装箱港口,未来对住房的需求量极大。

9.2　供水,卫生处理和限制

湿润地区多由水库聚集降雨提供饮水,一些城镇自来水直接在河流干流取水。地表水可通过重力作用得到合理的分配,而在河道内的水资源则需由水泵配送。这些抽取的水通过曝气及铝离子絮凝,然后通入氯气杀毒、过滤等工艺进行处理。之后,将处理后的水抽送到储水水塔并通过加压送到用户。通过取样发现,以上处理后大肠杆菌数目比以前减少 10%。对于地表水,虽已进行污水过滤设施改造,但民众很少使用。

大约 40% 的城市居民继续使用设立在路边的公共供水站。人们用壶、罐装水,也有人将供水站附近作为洗澡的地方。饮用水的免费供应使供水站附近的居民蜂拥而至地取水。由于供水水塔设计容量有限,出水量每天均加以限定。几乎所有的城镇,规定充水日期到来前水塔中的水均已用完,1991 年前更为明显,因为在那之前水塔没有安装水表。1998 年,不论是商业、工业还是补贴用水的设施均已安装水表,但非法用水依然存在,现在这种损耗得到有效遏制,并且用户每月都要交一定金额的水费。在干旱时期,实施每天定时供水。在加勒地区,供水工程在出水前加一定量的盐。简便的公共水龙头则在紧急用水或用水困难时期使用。较孤立的城镇为满足基本生活用水均有各自的用水策略。普塔勒姆地区水的硬度很高,人们常常打管井取水。湿润的沿海地区饮用的是水库存储的降雨,硬度适中,很多人为了优质的饮用水便移民到沿海地区。干旱地区水体含有过量的氯化物,在没有其他选择的情况下最后还是被用做水源。

9.3　供水与排水管理职责

随着斯里兰卡地方政府在执政方面的不断成熟,政府官员多从当地民众中选出。地方政府通过增加税收为当地民众提供更多的基础设施,包括供水和清理污水管道这两件大事,其他的还有清除垃圾、拓宽马路、安装路灯设施等。防洪被纳入灌溉司的管辖职责范围内。

过去地方政府完成这些基础设施往往采用国外劳工,但自 1956 年后,很多来自国外的劳工本地化,并且停止人工清理污水管道。科伦坡市政府管辖大大小小大概 98 000 个社区,1998 年人口 98 万,其中外来居民数量高达 50 万。科伦坡人口增长的速度可能超过人口正常增长速度的 1.7%,但是大科伦坡地区的城市化速度比这个速度更快。

在科伦坡有两个排水出口通过排水系统将下水道的水排入深海。这套城市排水系统虽然年代久远但具有很高的运行效率。Beira 湖邻近地区目前虽然没有联入这个排水系统,但这个规划将很快会被执行。地方政府是政府机构,因此不能承担借贷业务。在国际灌排委员会的援助下,用于完善城市排水系统的工程开始实施并列入政府公报。在城区,被腐蚀的储水塔还在广泛的使用,但也有一些城市采用国际灌排委员会推荐的排水系统,比如 Kolonnawa 和 Dehiwala。考虑未来让更多住户联入排水管网,其费用很少,仅仅只够排污水,基本上没有运行费用。因此,这个系统的最终排放可作为海中鱼类的营养物质,但不使海水环境恶化。

康提(Kandy)处于中部河流地区,地方政府有责任处理污水然后排放到河流中。地方政府负责管理供水引水工程,而工程的运行和维修人员由国家给水与排水委员会提供。与康提一样,加勒(Galle)没有自己的排水工程,1965 年该市引进储水塔后,国家给水与排水委员会建立了小型住宅区配套排水工程。加勒还从 Gin 河取水,但在干旱季节取水受到缺水和含盐量高的影响。在 Puttalam Mannar 地区存储有大量的地下水并有相应的引水工程,难民问题使得这一地区需要更多的水资源。

9.4　与水利部门相关的供水计划和供水问题

9.4.1　调查

为了响应全球国际组织对亚洲地区自来水问题的重视,以及在合理的价格体系下为全民提供安全卫生的自来水,在政府制定的住房供给和城市发展计划中,为斯里兰卡供水部门制定了以下目标:

(1)满足各经济部门的用水要求,例如工业、旅游业、商业以及相关用水,能够保证 24 小时持续供水;

(2)促进在供水设施设备方面的投资,允许包括私人部门及社会团体投资;

(3)鼓励地方政府与机构分担供水设施、运行及维护方面的各项工作,鼓励参与筹措供水所需的资金;

(4)通过研究、调查和技术合作,改善设计、结构和运行效能,使水资源得到持续利用,满足现在和将来的需求。

9.4.2　现阶段水价

现阶段水价年度的调节没有完整可靠的水价调整机制。目前,水价调整首先由国家给水与排水委员会向住房与城市发展部(Ministry of Housing & Urban Development)提出申请,然后住房与城市发展部向财政部提交水价调整申请。整个过程耗时较长,作为一个民主国家,水价要经过多次修正以满足国家与民众对用水的要求。国民补助金是影响国家财政预算的主要因素,只要能够保证充足的预算,斯里兰卡各地区城市化将继续发展。

9.4.3　水价特征

水价政策的突出特点有:

(1)水价确定应保证能够满足年度财政预算周转以及预算资金受市场影响导致的贬值和利息,并且能够保证有一定比例的资金可用于投资和继续发展供水设施。

(2)水价税收必须能够每年返还给固定资产。

(3)水价政策反映广大社会的需求,例如,采用相对较低的水价使用户珍惜用水,而不是直接给每个用户配额定用。

　　(4)实施水价的目的是增加水存储量和减少污废水的排放。

9.4.4　水价政策涉及的问题

　　要确定出一个合理的水价政策,以下问题必须考虑:

　　(1)不断短缺的水资源;

　　(2)社会公众能够承受的费用;

　　(3)水费补贴;

　　(4)所需投资量;

　　(5)财政支持能力以及国家给水与排水委员会的工作效率;

　　(6)相应的管理制度;

　　(7)由灌溉部门协助存储水资源产生的相关费用问题。

9.5　不断匮乏的水资源

　　当水资源的需求量超过供给量时,水资源就开始匮乏。在斯里兰卡,大约只有1/3的水资源能够被经济利用以满足人类需求,因为在许多邻近的水资源被开发后,更多有潜力的水资源离大多数用水户太远。在斯里兰卡的许多地区,滥用水资源和低效的水资源管理模式已经导致地下蓄水层下降,甚至降至地下水位以下,内陆湖泊不断缩小,河流逐渐衰减,情况恶化至一个非生态安全的水平。水污染主要来自人类活动,而目前人类活动所引起的污染更多、范围更广,导致大量水不能够直接使用。许多湿润地带的河流和浅层地下水由于受到污染已被排除在可供利用的水资源行列之外。

　　水资源量充足的标准是年人均可利用水量为 1 600 m³,当年人均可利用水量小于 1 000 m³ 时,被认为水资源缺乏。而水资源缺乏自然会影响到社会经济的发展和环境的质量。

　　1997 年大科伦坡地区需水量为 559 240 m³/d,而目前实际可用的水资源量为 546 909 m³/d。根据预测,截至 2005 年,大科伦坡地区需水量为 646 800 m³/d,按目前可供水量计算有 20% 的空缺。大科伦坡地区目前的需水量与供水量见表 9.1。

表9.1　科伦坡地区需水量与供水量

项目	年份					
	1995	2000	2005	2010	2015	2020
日最大需水量 （m^3/d）	473 300	559 200	646 800	734 500	825 500	915 800
日最大供水量 （m^3/d）	546 900					

9.6　社会能够承受的水费

　　水价和一般商品不同的是它没有由供需关系所确定的市场价，因此在确定水价时采用了"愿意支付"和"能够支付"两个概念。为国内民众设定的水价应该得到社会的广泛认可，并且保证社会上最困难的家庭能够支付得起生活基本需要的用水费用。原则上社会能够支付费用（SAT）为水费的上限，目前社会能够支付费用由社会经济的各项指标估算出来。根据国际标准，斯里兰卡的水费相对较低，和一些发达国家处于同一水平（见表9.2）。

表9.2　各国或地区家庭年水费支出占家庭收入比例

国家或城市	百分比（%）	国家或城市	百分比（%）
斯里兰卡	1.8	发达国家	
科伦坡	1.0	吉隆坡（马来西亚）	1.0
发展中国家		曼谷（泰国）	2.0
达卡（孟加拉国）	3.5	新加坡	1.0
雅加达（印度尼西亚）	3.5	法国	1.4
马尼拉（菲律宾）	2.0	英国	0.5
匈牙利	2.5	东京（日本）	1.0
捷克斯洛伐克	6.0		

9.7 水费补贴

目前,在商业、工业、政府部门和一些机构所收取的水费比较高,并且相对过剩;从另一方面来讲,对于生活用水(国内企业)确定的水价较低,受到非生活用水(企业等)的间接补贴。这种非生活用水水价可能会导致企业放弃自来水而寻求其他水源的危险,高水价还会导致非法拉线用水。

因此,向商业、工业、政府部门和一些机构收取的用水费除了年度调整外就不应该继续增加。对于生活用水的补贴不应超过水费的20%。

9.8 所需资金投资量

目前,只有20%的城镇居民能够享受24小时自来水供应。在所有的供水线路中只有1/3的能提供24小时的持续供水,如表9.3所示。

表9.3 1997年供水时间状况

供水时间(h)	对应的线路数目	百分比(%)
0 ~ 6	79	29
6 ~ 12	56	20
12 ~ 18	42	15
18 ~ 24	12	4
24	86	32

政府计划在2010年实现向全国所有地区供应安全饮用水的目标。目前,全国62%的人口已经纳入供应安全饮用水范围。但是,自来水覆盖面在不同的地区分布不均,甚至是严重的倾斜,如表9.4所示。

表9.4　1997年斯里兰卡的供水状况

不同地区供水时间与线路数目

地区	线路数目	供水时间（h）	地区	线路数目	供水时间（h）
Colombo	14	15～24	干旱地区		
Gampaha	22	3～24	Hambanthota	19	2～24
Kalutara	14	8～24	Anuradhapura	13	5～24
Galle	8	8～24	Polonnaruwa	6	6～24
Matara	16	7～24	Moneragala	6	1.5～24
Kandy	30	2～24	Puttalam	7	3～24
Nuwara eliya	4	2～24	Ampara	8	2～12
Matale	6	6～24	Batticaloa	2	1.5～12
Kegalle	9	24	Jaffna	15	1～6
Ratnapura	8	10～24	Kilinochchi	1	2
Kurunegala	18	1～24	Mannar	7	2～5
Badulla	35	2～24	Trincomalee	6	4～24
			Vavuniya	1	24

　　可靠和充足的自来水需求来自各个用户群:生活用水户和工业、商业等部门。在过去的12年中,自来水在生活用水中的增长率为5.5%,在非生活用水中的增长率为4.5%。

　　据水利部门的投资预测,要满足现有的用水需求每年投资还应增加3倍。根据2010年确定的目标,一共分为4个时期,截至2005年第3期所要达到的覆盖率如表9.5所示。在第3期即2005年90%的城镇人口能够用上自来水,所需投资共计640亿卢比。现阶段,斯里兰卡政府将整个地方供水系统交由国家给水与排水委员会管理,而将50%的债务交由城镇工程负担。由于财政紧张,在经过谨慎的考虑后将发行债券。表9.6为各供水项目的资金组成。

表9.5 供水预计投资

计划时期	自来水城镇覆盖率(%)	全国供水覆盖率(%)	计划投资(亿卢比)
1	90	100	632.9
2	80	100	592.3
3	75	90	546.5
4	70	85	515.7

表9.6 各供水项目的资金组成

分类	债务比例(%)	自筹比例(%)
城市商业供水	70	30
城市居民供水	30	70
城市困难户供水		100
较小乡镇(2 000~6 000 人)	100	
较大乡镇(6 000~20 000 人)	15	85
乡村(少于2 000 人)		100
排水		100

根据现有状况估计,在未来的6年中斯里兰卡政府资助和发行债券应该保持现有水平,因此240亿卢比应该来自斯里兰卡政府和债券。在未来的6年中,国家给排水委员会通过调整水价、改善效率等措施将盈利40亿卢比。其余的360亿卢比的空缺可以通过私有企业和团体的参与解决。

9.9 私有部门的参与

为了获得盈利和保持高速增长,一些私有部门对于参与供水非常感兴趣。政府和投资人也希望通过提供供水服务获利。公司在参与投资后需要给股东分红,同时在早期也要冒着不良现金流转的风险。这些公司需要稳定的政府、经济和财政体制,从而保证政策变化不会影响他们的盈利。由于有大量的资金投入,私人股东们在投资前需进一步确认回收期、经济规模等问题。

9.10　财政的支持能力以及国家给水与排水委员会的工作效率

　　为了保证足够的财政支持能力,供水必须盈利。委员会必须在供水项目中考虑运行成本、资本成本、投资成本和偿债成本,同时取得可观的利润回报。

　　最后实现的目标包括生产效率和分配效率。生产效率即指加工每单位容量的水所花费的成本。对于国家给水与排水委员会来说,提高生产效率非常关键,但无法通过调整水价来提高生产效率。在干旱地区地表水资源通常由水库储存。而要满足分配效率意味着要清楚人们什么时候需要用水,并且只有在人们急需的时候供水才能体现出水的价值。然而要实现较高的分配效率需要准确地计算需水量以及每单位水的生产成本和附加成本。

　　采取低水价政策是导致国家给水与排水委员会盈利不佳的主要原因。1991～1998年收益率不断下降,目前处于亏损状态。盈利不佳的原因除低水价政策外还有大部分供水没有赋税,意味着50%的供水用水没有计入国家财政收入。国家给水与排水委员会和灌溉部门需要为供水支付生产成本、较高的运行成本等,而较低的工作效率也间接地增加了成本。工作人员的配备数量高于最优配置,每1 000条线路平均有23个工作人员。但在一些人口密度较大的工程中,工作人员配备水平较低,例如在科伦坡地区平均每7个工作人员管理1 000条线路。

9.11　管理制度

　　由于供水资金来源的多样性,必须建立独立有效的规章制度以监督水价的确定及资金使用情况。农业用水占总用水量的70%,在干旱地区农民使用水库里面的水灌溉,但在湿润地区,短时间的大量降雨直接流入大海。水价的调整不能影响到农民用水的权利,水价的调整应与社会发展保持一致。

　　应建立通过合理的价格调整体系对水价进行调整的规章制度。合理的价格调整体系有以下特征:能够真实地反映水价水平;估算的通货膨胀因素应该和国家给水与排水委员会费用结构一致。这样通过这个制度每年的盈利目标和效率目标都可以得到体现,而对水费的任意改变都必须满足国家发展的要求。

9.12　水费结构

现阶段,生活用水采用的是分级水价政策,收取的服务费较低。目前采用的水价标准如表9.7所示。这种分级水价政策对于所有的用户来说是公平的,但是在管理上带来一些不便,而用水多的用户水价自然也较高。

表9.7　现阶段所采用的水价标准

消费者分类	水价（斯里兰卡卢比）	消费者分类	水价（斯里兰卡卢比）
生活用水（m^3/月）		供水站（m^3/月）	5.00
1~10	0.00	大供水站（m^3/月）	8.00
11~20	2.50	学校（m^3/月）	3.00
21~25	7.50	服务费（m^3/月）	30.00
26~30	15.00	非生活用水（m^3/月）	
31~40	18.00	商业/工业（m^3/月）	27.50
41~50	20.00	航运（m^3/月）	110.00
超过50	35.00	服务费（m^3/月）	200.00
		初始安装费	5 000.00

供水是一个国家基础建设必不可少的部分,而50%的供水成本都用在城镇用户和工商业部门,例如工业和餐饮业者,相对于生活用水水费的限制在工资的1%以内,随着用水量的增加水费也呈指数增长。农村用水中的85%由政府补贴,慈善机构和国家服务部门用水也是免费的。为平衡运行成本和借贷利息,水费每年都有所增加,而国家发展部也将此作为一项国家政策。随着供水面的扩大,也有利于加快各地区的城市化进程。非法安装水龙头的现象在许多地区仍然存在。当住户用上自来水时,以前的地表井则慢慢荒废。为了防止供水不稳定,每家住户安装储水器是必要的。

9.13　讨论与总结

斯里兰卡大约76%的城市人口能够用上安全饮用水,40%的城市居民使用设立在路边的公共供水站供应的水。只有不到20%的人能够用上24小时连续供应的自来水。消费者需要在实践中学会建立各自的储水和配水系统。现在的卫生设施用水量较大,这有待于新的方法来更正。用处理过的自来水浇花,雨水却直接排入下水道的情况并不少见。因此,收集雨水的水塔应该推广,以满足非饮用水的需要,这点是已经确定未来几年要处理的问题。如果总的水量增加,人们自然会减少使用经过处理的自来水。雨水中含有硝酸盐、磷酸盐和碳尘等杂质,因此需要经过细砂过滤。荒废的井水中含有细螺旋体病菌和其他细菌,污染发生的主要原因是当地居民和小型工厂直接排放废水废物,建立集中的化粪池可以避免水源受到污染。

2020年仅大科伦坡地区用水量就达到91.5万 m^3/d(90%的生活用水量),目前的供水量为54.6万 m^3/d。单供生活用水这一项就耗费630亿卢比,其中国家给水与排水委员会能够盈利40亿卢比,政府和债券持有人将在6年内筹资240亿卢比,剩下的350亿卢比有待于私人公司的投资和非政府机构的参与。

水费结构将从现有的补助为主调整为可行的阶梯式结构:保证基本生活需求的用水水平(10 m^3/月),满足一般生活需求的用水水平(20~30 m^3/月),以及超量用水水平(30 m^3/月以上)。

政府出台政策确保到2010年所有的民众能够用上安全的饮用水,而目前只有62%的民众能够用上安全饮用水。在湿润地区由于水库库容有限,干旱时期没有足够的用水。很多湿润地区的城市往往在2月份和8月份缺水严重,急需供水蓄水池。对于沿海城市通过筑沙洲可以便捷地将盐湖转化成存储淡水的蓄水池,而且沙洲定期排水清理。现在,许多稻田被荒废,主要原因是盐碱化以及种植收入低,但是稻田在降雨时是很好的蓄水池,可用以满足供水需求。

Gin 与 Nilwala 河在洪水期通过泵抽水排水,洪水得到了有效的遏制。这些洪水最终排入大海。如果用同样的办法将这些水排入废弃的地方(例如废弃的稻田等）就能蓄水满足以后的用水需求。特别是废弃的稻田,由于洪水冲刷作用导致硫酸盐超标,如果将多余的水引入,作为蓄水池可将多余的硫酸盐洗去。联合运用地表水和地下水能够保证用水质量。

国家给水与排水委员会通过裁减员工和承担许多小型的供水工程,以保证运行效率的提高。非法安装水龙头和欠费,可通过有效的认知教育来纠正。湿润地区可以在山谷处积水然后用水管自流将水送到各村落,而这些地区以前是通过长途跋涉取水的。私有企业、社区组织、非政府组织都可以在这些方面有所作为并且盈利。

湿润地区可以考虑在适宜河床建橡胶坝蓄水,这个计划已经和水利部门的专家进行过讨论。

雨水收集塔建成后能够适当的补充用水。在城市,未经处理的生活污水、工业废水禁止排放。在干旱地区,厕所卫生状况不会产生健康问题,而霍乱的流行就是饮用沟渠污染水所致。科伦坡的 Beira 湖受到污染是直接排放未经处理的污水所引起的。

防止过度城市化是必要的,并且将被作为国家的一项政策执行。各地方区域发展也将步入规划阶段,其中包括兴建加勒海港。

干旱地区需要筛选井来减少饮用水中的氟化物。虽然雨水中的氟化物含量低,但是村民们仍然使用氟化物含量高的地下水,因此几乎所有的村民都有氟化物中毒症状,特别是牙齿。

国家给水与排水委员会通过裁员、增加供水线路、减少沿程漏水等手段提高工作效率,漏水和非法取水占供水量的 35%,必须对这种不良局面进行改善。计量器可以识别电子货币,对于欠费的用户要谨慎地通过认知教育来纠正。

参考文献

Gunetileke M D M S. 1999. Country Report for Sri Lanka, Seminar in Singapore.

OECF/JICA Report. 1997. Kalu Ganga Project.

Presidential Task Force Report. 1995. Ministry of Housing and Public Utilities.

National Atlas of Sri Lanka . 1985.

ADB Project Report . 1998. NWSDB.

第 10 章　达累斯萨拉姆市互补性水体系（坦桑尼亚）——水贩卖实例

（MARIANNE KJELLEN 著）

在许多发展中国家城市里,管道水供应只是对富裕家庭而言的,而贫困家庭却在争取其他的可替代方法来获取水。在达累斯萨拉姆市,由于公共的水供给系统严重缺乏效率,导致各收入阶层的群众依靠多种水源。用手推车运载容器配送水在广大地区很普遍,特别是在那些管道水限额配给、低水压甚至是没有管道水的地方非常盛行。在比较富裕的地方,人们还利用油罐车充当水车补充公共水供给。本章主要探讨的是使用推车的水配送如何使公共和私人水供给系统相互补充。

10.1　达累斯萨拉姆市水供应简介

在发展中国家,人们获得和处理水的方法大大不同。管道水供应只是对富裕的家庭而言的,而贫困群体却经常为很多可选的取水方法作斗争。无论是由非正式的街道小贩还是有更正式的卡车供应商供应,其水贩卖行为对达累斯萨拉姆的管道水供给系统都是一种重要的补充形式。

达累斯萨拉姆水务局(DAWASA)提供达累斯萨拉姆市大部分零售散装水供应。然而,只有不到一半的家庭可直接从当局公共系统获得用水,剩下的大部分水供销落到了私人领域。也许对家庭来说最普遍的取水方式就是从邻居那里购买。那些装有水管的或有私家水井的家庭常常把水转售给附近的居民。有时候转售用水(和水储存)是大规模进行的,并且贩卖水的小贩也会来买水并卖给更远的家庭和公司。

本章主要讨论贩卖水的商贩,这部分人主要依靠塑料扁平容器装水放在推车上贩运。其目的是介绍这些在达累斯萨拉姆通常被忽略的贩卖水的活动。贩卖水的商贩们所面临的问题主要集中于如何降低对末端消费者的价格。这个经验基础是由一个在 1998~1999 年进行的"雪球"问卷调查得来的，该问卷调查了 50 个人，包括封闭式和开放式问题，采访过程持续约一个小时。尽管"贩卖"这个词因为与这些把水送到终端消费者的家里的流动水贩相联系而用得比较多，"贩卖水"和"（再）转售"这两个词能交替使用。那些与公共管道水系统有关系的人，他们把水卖给其他人，通常被认为是"（再）转售者"。

10.2 背景

10.2.1 达累斯萨拉姆水基础设施

城市中政府的一个传统职责就是管理城市环境，包括用水系统。然而，达累斯萨拉姆基础设施的发展依然不协调，这对规划的人口稠密地区以及"非规划的"和违章建筑的地区都有着不良的影响。据估计，85% 的人口居住在非规划的或没有服务的地区（Kanza & Ndesamburo，1996）。

达累斯萨拉姆最初的水供应源是城内的浅井，而最早的水供应系统计划实施可追溯到 1891 年（JICA，日本国际协力机构 Japan International Cooperation Agency，1991）。在 20 世纪上半叶的一系列发展，主要依赖城内的资源。对鲁伏河（Ruvu）的开发始于 20 世纪 50 年代，在达累斯萨拉姆向西约 65 km 的鲁伏河上游建立了一个水厂，鲁伏河的开发因此经历了发展和移民的几个阶段。鲁伏河下游方案于 1976 年开始在这个城市西方（或西北方）55 km 处执行。随着鲁伏河下游水厂从数量上讲成为最重要的供应源，1995 年达累斯萨拉姆水源供应的容量测定为每天 2.73 亿 L（Howard Humphreys，1995）。由于水在到达达累斯萨拉姆前运输途中的渗漏，估计鲁伏河上游系统输送的 2/3 用水和下游运送的 10%~20% 用水被消耗或损失（JICA，1991）。

总的来说，覆盖达累斯萨拉姆的初级配送系统广阔而且状态优良（Howard Humphreys，1995）。然而，二级配送系统发展是不完全的，因此发展了一个小范围供应管道的广阔网络（JICA，1991）。大部分的供应管道铺设简陋，满是灰尘、漏洞和不达标设备（Howard Humphreys，1995），许多消费者为了获得用水，经常直接去供应管道抽水。

在那些人们没有办法投资建造抽水机的地区,许多人就经常在地上挖洞,以此与地下供应管道相连接。

在 JICA（1991）进行的一次调查中,大约 30% 的家庭房子里有供水连接,24% 的院子里有供水连接,45% 没有任何连接（依靠小型水店或供水管）。注册的住房和院落有供水连接,使用水占水供应量净值的 30%,但是只有 6% 的用水是通过供水管或小型水店运送的,余下的用水供应就来自非法连接（29%）和渗漏取水（30%）。据调查,非法连接的数量（其中约 15% 未付款）与合法连接的规模相当（United Republic of Tanzania,1995）。

尽管坦桑尼亚的“免费用水”政策一直没有在城区实施,但城区的税收实际上从 20 世纪 70 年代中期已经开始大幅下降（Mashauri & Katko,1993）。缴费和收费情况差、由政治因素决定的远低于运作成本的税收,以及一大堆的问题阻碍了国家城市水务局（NUWA）的发展。由于不能满足达累斯萨拉姆的要求,国家城市水务局在 1997 年被更独立自主的达累斯萨拉姆水务局（DAWASA）所代替。再售、小型贩卖和非法连接就是国内社会对“正式”服务空缺的“非正式”回应。现在,贩卖水可以看做是非常普遍的,并且在近来的研究中常常被提到。但是,这一地区的规章、商业规则和社会组织则需要更深入地探究。

10.2.2　发展中国家的水贩卖行为

水贩卖趋向成为管道配送不能满足城市所有用户用水供给系统的一个重要部分。再售水通常是其他水源中的一种选择,不同人能获得水源的多少也取决于他们的支付能力。水供应市场呈现出许多形式,根据批发、“中间商”和零售商,以及使用设备型号的不同,水供应市场的结构也不同。送水工具可以是手提的或者是大货车、驴车、手推车和自行车。有（自助）再售水站（消费者可以从那里取水）,也有送货上门的服务（依靠配送小贩）。

贩卖水是全世界的一种老传统,尽管极少有人思考它对水供给的作用。现时全世界的研究人员和政策制定者的注意力好像都是与成本回收和私有化利益增值联系在一起的。特别是,虽然大部分研究显示人们支付能力被供水当局低估的观点,但最近增加的研究增强了对水贩卖的认知。

不同的城区里通过小贩服务获得用水的人口比例差别很大。根据
Zaroff & Okun（1984）的研究，在一些非洲城市这一比例达到90%；在
发展中国家城市人口中水贩卖大概平均对20%～30%的人口提供服
务（Briscoe，1985，Cairncross & Kinnear 引用，1991）。在再售和水贩
卖系统对很多人群提供服务时，对水贩的依赖通常也可以是这些人群
被相对剥夺和排挤出更高质量的管道供水系统的负面信号。

水贩卖被认为是低成本水供应的另一种形式（Zaroff & Okun，
1984）。尽管在投资方面贩卖相对成本比较低，但劳动成本是重要的，
并且其服务对消费者来说并不是低成本。实际上，正是管道用水和出
售用水的差价把大量注意力吸引到这些措施上。Bhatia 和 Falkenmark
（1993）提供了一张长长的清单，上面记录了付给私人贩卖者（购买标
准质量的用水）和付给公共当局的价格差异，其比率从 5（Abidjan，
Ivory Coast）到 100（Nouakchott，Mauritania）不等。

Mashauri & Katko（1993）注意到在 Morogoro、Tanzania 两地公共售
水、私人售水和小贩卖水之间的价格差异。家庭以高于公共水价格的
4 倍价格再出售水给当地消费者，水贩上门卖水的成本是公共水的
15～25 倍。他们宣称相对于从再出售者和贩水销售收入征收的税金，
他们的成本是非常低的（Mashauri & Katko，1993）。然而，Shugart
（1991）对 Jakarta 的水贩卖的回顾显示（并且下节里也有提到），至少
使用人力的水贩并不可能赚很多钱。

10.3　达累斯萨拉姆的水贩卖

一些研究人员注意到了坦桑尼亚的水贩卖现象（Mashauri & Kat-
ko，1993；Mujwahuzi，1993；Kiilu，1995；Mosi，et al. 1996）。然而，大
部分达累斯萨拉姆用水系统的咨询和捐助研究倾向于集中注意工程和
政府活动，而大大忽略了重要的配送渠道，这些渠道是由非正式的贩卖
构成的，见案例 The Water and Sanitation Sector Review（United Republic
of Tanzania，1995），JICA（1991）Howard Humphreys（1995），以及
Household surveys（Nagallaba et al.，1993；United Republic of Tanzania，

1994；United Republic of Tanzania，1996）。

　　阅读官方材料后产生了一个疑问：如果这些小贩在大街上特别是达累斯萨拉姆的西部和南部那么引人注目，那他们在哪儿贩卖呢？要知道水贩卖市场的真实规模，需要更多详细的和更大型的调查。然而，现在很清楚的一点是水贩卖业务为许多达累斯萨拉姆的年轻人提供了一种重要的生活方式，也为很多家庭提供了服务。

10.4　研究方法

　　现时对非正式水贩卖行业的研究是以实地观察、50 个结构性采访和中心小组讨论为基础的。调查的第一部分是在 1998 年 9～10 月进行的，而第二部分是在 1999 年 7～8 月进行的。1998 年进行的采访是在 Temeke、Miburani（Tandika）、Kipawa（Kiwalani）和 Buguruni 的支持下进行的（中心小组也是在这些城市指挥的）。1999 年，在 Ubungo、Mabibo、Manzese、Tandale、Kipawa，Yombo 和 Kinondoni 等几个城市（在这里找到了油罐车）进行了采访。这些地区之所以被选中是因为得知或发现此地有很多的水贩售卖商。这些采访持续大约一个小时，是由领导者和达累斯萨拉姆大学的一些研究助手主持的。

　　把这个调查称为"雪球"调查，意思是它没有固定的采样，有的调查者是在街上遇到的贩水者，有的是之前的受访者或是附近的官员介绍的贩水者。正式采样太麻烦，所有的水贩都是"非官方"经营并不在任何地方注册，因此这个采样不可能是"随机的"，但可以称为"随意的"。公开开设摊位并整日营运的水贩，他们并不远离公共运输设施；这些水贩是有可能（如果并不公平）入选的。那些遇到的水贩通常都是愿意接受采访的。

　　在 50 个受访者中，46 个用手推车送水，2 个是油罐车运营商，还有 2 个是站式再售者。本节主要关注手推车水贩的采访。在这两个实地试验期间，美元的汇率有所变动。1998 年 9～10 月约 670 先令兑 1 美元，而 1999 年 7 月约 760 先令兑 1 美元。然而，在两次调查期间美元没有较大的价格差异，出售的即期支票价格证实了这点。虽然在所包括的试验之后美元汇率有了进一步上升，但是本节使用了试验后期的美元汇率（760 先令兑 1 美元），美元价格在下节中给出。

10.5　水贩群体

　　用手推车送水到各家各户的水贩常常是受过些教育的年轻人，其中，94%上过小学，8%上过中学。但 8%的水贩没有小学毕业，其中 1 人上过伊斯兰学校，3 人（6%）完全没有上过学。因此，他们的受教育水平好像比 1995 年 Kilu 记录的情况要稍好，当时 28%的水贩都没上过学。这可以显示出群众就业条件的恶化，迫使获得更好培训的人们以贩卖水维持生计。实际上，当问到他们的工作动力和为什么要成为水贩时，受访者一致的回答是缺乏工作机会。他们的年龄在 15～65 岁，平均年龄低于 27 岁。

　　从种族背景看，水贩是坦桑尼亚平民的混合体，46 个手推车水贩来自 26 个不同的部落（最普遍的种族部落，共有 6 个水贩，组成了"wazaramu"，即达累斯萨拉姆地区本地人群）。约 65%未婚，其中只有 1 人有孩子。26%的已婚水贩大部分只有 1 个小孩，其他的孩子数量由 0 到 7 个不等，人均 2.75 个。1 人离婚，2 人未婚与父母一起住。

　　手推车水贩大部分是男人，但是在现时的研究中采访到了两个女人（如果样本是随机的，她们被采访到的几率就会是零），尽管她们的情况与男性水贩相似，但在跨越性别障碍上她们是特别的。大部分水贩（64%）都不知道女性水贩的存在，其中一个人说："如果你看到一个女人推着水你就知道这水是给自家用的。"虽然女人有时候用手推车运水（这是很少见的，因为女人通常用头来顶着水），人们并不期望女人卖水。无论如何，如果男同胞知道有女人卖水，他们会很敬佩她的。

　　大部分受采访的水贩都是从早忙到晚的。然而在白天，销售额比较低，水贩的工作主要是"到处逛逛"（这就是进行采访的时间）。22%的水贩除了卖水还会参加其他的工作。有些人摆摊卖蔬菜或到店铺帮忙，有些人在有机会时还会去工地做建筑工。他们大部分都是用很小的装着自行车轮胎的手推车，虽然不适合运载大货物，但在有人要求时他们也不会拒绝用手推车运送其他货物。只有一些水贩积极地寻觅其他的货运机会。

大部分水贩(78%)是以贩卖水作为他们的唯一收入。除了一人其他所有人都是个体水贩。那个受雇佣的人在一个玉米厂工作,工资每月15 000先令(等于20美元),还有一辆手推车用来保证玉米厂稳定的用水供给。后来他自己想运多少水就可以送多少的水,自己掌握销售额。而个体户水贩虽然常常与亲戚或朋友一起出门,但他们更喜欢独立自主地工作。在有的例子中,更多的独立水贩雇佣年轻的助手。

1/5的水贩租借他们的手推车并每天为此付500先令。一些人认为这是手推车拥有者的帮助,但另一些人觉得每天为手推车付费是一种负担。那些还租借容器的水贩还要为每套容器支付高达每天100先令的租金。大约1/3的水贩以租借器材起家,但一段时间之后他们就能自己买手推车了(有些情况是水贩开始时用自己的手推车,但之后被偷了,就租借交通工具),约83%的水贩声称当前拥有自己的手推车。

10.6　可使用水源

大部分手推车水贩通常付费从再售家庭(76%)或半国营机构(通常是达累斯萨拉姆水务局)(22%)购买水。水源的选择主要取决于距离(52%)、水质(22%)以及可靠性(15%),只有两个人认为是价格。绝大部分(87%)以管道水作为他们的首要水源,13%以井水作为主要水源的水贩一般在远离管道网地区贩水。因此,在许多情况下,是把最初公共机构提供的用水更进一步地配送。在没有公共水网的地区,水贩倾向于依赖自家院内有挖水井的私营水贩。有些情况是,这些售水点建得很好甚至还提供消过毒的井水。

在一些地区水是按日或按星期配给的,或者没有管道用水。2/3的水贩依靠受配给影响的水源(再出售家庭尽量避免存储大量水),水贩倾向于在这样的地区营运。水贩和居民因此需要另一种水源。在两个星期的采访中,将近一半的人依然只使用一个水源,然而26%的人说他们从两个不同的地方取水,20%的人去三个或更多的地方取水。除配给外,断水的重要原因是没有能源。断水在那些靠电力抽取地下水的地区特别普遍。

大部分水贩（56%）说一般取水是没有任何问题的。那些说取水困难的人通常认为"排队"是产生问题的主要原因，其他原因有"潮湿"、"没秩序"和"难以到达"，是因为没有塑料管连接到装水的容器。早上经常是要排队的，有些人说你必须很早到达水源处。排队，作名词用，好像在前些年更加常见。在一些郊区，用水环境好像在近几年有所提高，至少与 1996 年和 1997 年相比更好，那两年人们称为"干旱年"。这些提高与很多人自己挖井并把水卖给其他居民和水贩有很大关系。因此，非政府组织、外国捐助者和达累斯萨拉姆水务局也参与到开挖深井的行动中。这对于延伸管道水网只是很小的进步。

10.7　水配送

贩水者最为艰苦的工作可能就是将装满水的推车通过水路运送到目的地。他们在事业起步时主要面对的困难就是贩水的艰辛。他们通常抱怨胸部和关节疼痛，很容易患感冒。很多水贩出租他们的水车，致使他们不能很快地开始业务，但是一旦工作他们却要干上整整一天，之后进入"完全睡眠"状态（指贩水者安排隔天工作，以免过度疲劳）。这份业务对器材的损耗很严重，所以下一个问题就是送水推车的损坏——包括穿孔和边缘的扭曲。铺路对贩水帮助很大，因为推车在沙地上是很难行进的。然而，随着路况的改良，交通事故的发生率却提高了。由此看来推车贩水还是有风险的。

大部分推车装载 6 个（44%）、7 个（21%）和 8 个（14%）塑料水桶。约 90% 的贩水者的推车安装了自行车胎，少部分使用摩托车胎（7%）和汽车胎（4%）。这种类型的水车可以装载多达 20～30 个水桶。这些水桶可以装 20～25 L 水。一车 7 个 25 L 的水桶的重量为175 kg，加上（金属）推车的自重。大部分水贩都在固定的地点卖水，在有订货的情况下送水上门。

消费者的抱怨并不很严重，只有 9% 的人表示他们经常不满意，49% 的人说偶尔有不满意的地方，42% 的人没有任何不满。实际上，一定时期人们对于能弄到水是很感激的。然而，对于那些已有的不满，大部分是集中在水贩的可靠性上，主要是送货延迟。在接到要求指令后，水贩有时会碰到意想不到的如排队和其他无法取水的麻烦。这种情况下其他的水贩都能帮忙,比如在某水贩获得业务时其他水贩可以让他插队,或者当他的水车损坏的时候帮他运水。

其他消费者抱怨水量不足。一些水贩配有小型容器,用来保证把水桶加满水,以此来保证客户能得到装满的水。较少出现的不满来源于水质,比如水的颜色、盐分及安全。水贩一般用白色水罐(较大也较贵)和黄色水罐(装食用油的那种),客户更倾向于白色水罐,因为是否干净一目了然。

10.8　水质

在调查期间,我们对水贩对水质的了解很震惊。原因不是为健康方面的,而是经济方面的。在问及他们是否饮用他们贩卖的水的时候,他们回答:"当然我们喝自己卖的水,要不然我们怎么知道这些水好不好呢?"消费者对水的含盐量也很敏感,特别是在南部地区。达累斯萨拉姆大部分地下水含盐量都很高,都不满足饮用水条件。首选的水源来自于 Ruvu 河,而令人惊讶的是,"河"水价格并不高昂,与水质相比取水难度才是直接与水价有关的原因(见下节)。然而有的时候,就是管道输水也会有污染和含有颗粒杂质,在这种情况下水贩很难让消费者信服这些水是管道水。

显而易见,在每次把水灌注到一个新的容器里的时候污染都会加剧。所以说,与管道输运水相比贩水体系的水质很难得到保证。交换容器,而不是把水从一个容器倒到另一个容器,需要贩水体系的参与者之间的信任。只有 30% 的水贩愿意把他们的容器借给客户使用。

举例来说,在 Zaroff & Okun(1984)的结论里,水贩所用水源的质量是值得怀疑的。Kiilu 在 1995 年的记录显示水贩在达累斯萨拉姆使用浅井和地表水两个水源。然而通过研究,尚未发现水贩使用下等的水源。如果少数水贩使用了劣等水源很容易被察觉,恶劣环境下水的特性很容易和普通环境的水区分开。无论如何,被采访的水贩大都表现得更加害怕"客源不足"而不是"水源不足"。

10.9　收入和支出

　　现行的水转售价格是每罐 20 先令(水桶或水罐,容积 20 L 左右),也就是通过达累斯萨拉姆水务局(DAWASA)"官方"渠道或者水转售用你自己的容器去买水的价格。有的时候水贩可以搞到低价的水。很多水转售家庭实行"买六送一",即 6 桶水卖 100 先令,7 桶水卖 120 先令。用这种折扣或其他促销手段,水贩买水的购置价格在 10 ~ 40 先令(容器容积按 20 L 算),50% 的水贩每桶水的进价是 20 先令,30% 的地域均采用这个价格,另外 20% 则高出该价格。平均 1 L 水的价格还不到 1 先令,约合 1 $m^3$1.3 美元。

　　如果水供给出现问题的话,75% 的推车水贩表示他们的水购置价格会相应上升,而 25% 认为价格仍会保持稳定。普遍的最新水价是 50 先令一桶。水贩被问及他们所经历的最糟糕的贩水情形(即最高零售价时期,受访人数 37 人),他们的每桶水购置价格在从 0 先令(无需付钱)到 150 先令不等。差不多 24% 的人在每桶水上花销 50 先令,平均购置价格上抬了约 92%。但是仍然有 1/3 的水贩以平常的价格购水,其他甚至花销更少。

　　水贩将水卖给居家或其他客户的"零售"价会因为地域不同而不一样。最常见的卖价是每桶水 100 先令,67% 的水贩都支持这个价格。Temeke(当地水按小时配给)部分地区有着最低的水价,每桶水 70 先令;而且常客有时还可以 1 桶 50 先令的价格买到水。最高的水价出现在离水源最远的地区。在 Kiwalani 地区,由于没有基础管道设施,水价 1 桶高达 150 先令;在 Ubungo 的高地地区甚至达到了 1 桶 200 先令。在 Buguruni 和 Manzese 地区,水价基本在 100 先令左右。在这些地区,水源往往都不是很远,不过在长时间间隔的配给时期水贩不得不去远方开展业务。水贩卖水的最高价格记录是每桶 700 先令(曾被 2 人卖出);一般来讲,22% 的水贩在水源短缺时期能以 1 桶 500 先令的价格将水卖出(很多水贩表示在水荒时期会离开通常卖水的地方而去水价高的地方做买卖)。

　　在水贩如何确定水价的不确定答案调查上,32% 的被调查者认为主要因素是"距离",18%认为是"短缺",66%的水贩认为是取水和运水困难。在其他因素中,还有诸如附加收费和客户可接受价位等。当然,最终决定因素还是供水的情况,也就是水贩在获取水的过程中碰到的阻碍和问题,决定了水的卖价。如果水需求量下降,水贩的水价并不会相应下降,这时他们宁愿放弃这个市场。在多雨时节消费者会大量收集雨水,这时他们就不需要很多的推车售水度日。在这种情形下,水贩会选择不做买卖而不是低价售水。

水的售量很难估定。首先,跟售价相比水贩很难记住多变的售量。可能的情况是,很多人用"嘲弄他们的命运"这样的话来表明他们的平常销售量。然而,在平均水平下大多数水贩每天还是会拖水 3 次以满足消费者需要。在"好日子"里,平均拖水 4 次;在"坏日子"里拖水 1～2 次,这个时候水贩往往不做生意了,比如在雨季或是当地有管道供水系统的时候。

水贩每天灌装 18 个水桶十分正常(拖水 3 次),不过容量多为 6～90 个水罐,平均 26 个。值得注意的是,水贩一般没有账簿,而且他们对生意的谈论往往都很谨慎,这主要源于行业的机密和对税收的畏惧。不过,一个典型的水贩每天能够赚到 1 600 先令的净收入。如果他的推车是租赁的,每天的租金是 500 先令,也就是说每天的净收入是 1 100先令。若每周工作 6 天,一周的收入就是 6 600 先令。考虑到每周的推车维护费用约 600 先令(不管推车是谁的,修理费都由水贩出),每周的净收入应该是 6000 先令,4 周就是 24 000 先令,略低于"官方"的月收入标准30 000 先令(Guardian Report, 1999; Kibanda, 1999;30 000 先令约合 40 美元)。

因为以上业务的例子是基于低收入高资本费用(租金)的,所以说街道水贩干的是没什么钱赚的买卖。事实上,只有约一半的水贩可以靠卖水的收入生活。尽管 61%的水贩总能够保证基本的食品需求,但 22%的人却承认经常要饿着肚子上床睡觉,而另外的 17%偶尔会忍饥挨饿。不管收入有多低,多达 66%的水贩还是会存下一部分钱以应对生意不好的时期。

由于同时存在公共管道输水、水再售和贩水业务这几种取水途径,并且这些途径都是互相依赖的,导致消费者买水的终端价格显著不同。水贩自己为每升水约支付 5 先令(约合 1 $m^3$6.5 美元),而那些通过管道和邻近的售水家庭买水的人在每升水上的开销为 0.5 ~ 1 先令(每桶水 10 ~ 20 先令,约合 1 $m^3$0.7 ~ 1.3 美元)。那些和公共管网连接的用户只用缴纳统一的水费。水费价格是每升 0.3 先令,约合 1 $m^3$0.4 美元(DAWASA,1998,包括每年两次的运费增长)。要想与市政管网连接,用户必须要交付管道连接费和安装费,这直接导致了很多贫困家庭与这种廉价取水途径无缘。

10.10　结论

地方水系统是达累斯萨拉姆水务局(DAWASA)利用公共供给条件创造的独特成果,它不仅主动自愿被个人和组织(包括国外的)接受,还在水市场上被广泛施行。而水贩个人则在商业和社区上填补了公共水分配系统的不足,可以看做是一种对城镇居民需水的补充手段。水贩在那些供水系统不稳定但有商业潜力和具购买力家庭的地区能最大获利,所以在低经济地位的地区,无论供水系统状况如何,贩水业务都不会有太大空间。这里的户主(大都是女性)可以用自己的劳力取水以供家用。不过,那些住在无免费水源地区的最贫困家庭仍然要支付大笔资金购水。

从健康的角度来看,最好的家庭供水方式还是管道输水。当用水入户的情况下用水量不大可能增加到完全满足个人和环境卫生需求的程度,不过要使达累斯萨拉姆市所有住户都和输水管网连接在近期是不大可能的。因此,需要找到补充途径以增进供水系统的效能进而满足居民用水需要。Zaroff 和 Okun 在 1984 年表述了贩水业务作为一种中间过渡体系的潜力:改良的贩水体系的主要价值体现在它为那些迫切需要常规基础设施的地区提供了一种过渡解决方案。需求的订量很大,而且还在增长。在那些目前还在水贩手中购买昂贵而不安全水的地区,这种体系也能以低原始成本提供廉价可靠的供水,直到建成管道系统。实际上,那些还在通过贩水业务买水的社区是最好的管道建设候选地。

　　因此,可以清楚地看到水贩卖作为一个被发扬的体系,应该被视作一种过渡途径。普通家庭鲜有能提供满足良好卫生需要的水量。使用管道输水实际上并不比贩卖水体系昂贵,但是却需要更大的资本集约度和更好的中枢调控。从另一个方面来讲,贩水体系却具有分散性和柔韧性。因此,当投资费用很低的时候,大多数贩水系统的问题都在于末端消费者的高花费。在达累斯萨拉姆市,每升贩卖水的价格几乎是家庭管道用水的 16 倍。

　　为了帮助贩卖水的末端价格降低,可以通过为贫困地区优先提供充足稳定的水源来提高水的利用率。不同地区水价的不同主要取决于与水源的距离远近(也就是水贩花费的时间和遇到的困难)。在贫困地区,贩卖水的高昂价格是对赤贫家庭的严重威胁。如果水贩的工作不是那么粗笨,那么消费者承担的末端价格就可以降下来。除距离之外水贩最大的障碍就是糟糕的路况(特别是沙地)。随着道路的兴修,水的运输难度和费用就能相应降低,尽管出现交通事故的风险会增加。同样地,那些经常有水配给的地区末端价格也会比长间隔配给地区的要低。

　　因此,建立一个有更多公共水龙头、更频繁水配给(或者干脆取消配给制度)和更少渗漏(导致低水压)的公共水分配系统是解决当前已有缺陷的关键。达累斯萨拉姆市的大多数人肯定会欢迎这一决定,在某些方面也会得到水贩的肯定。一个完整的管道输水分配系统的建成最终肯定会使水贩从市场上消失,然而当前还是有很大空间去提升水贩的工作环境,这样有助于改善很多达累斯萨拉姆市民的供水条件。

参考文献

Bhatia R & Falkenmark M. 1993. Water Resources Policies and the Urban Poor: Innovative Approaches and Policy Imperatives, UNDP – World Bank Water and Sanitation Program (Washington, DC, World Bank), 47 pp.

Briscoe J. 1985. Water Supply and Sanitation in the Health Sector in the Asia Region: Information Needs and Program Priorities, Report to USAID (Chapel Hill, University of North Carolina).

Cairncross S & Kinnear J. 1991. Water vending in urban Sudan, Water Resources Development, 7(4), pp. 267 – 273.

Dares Salaam Water and Sewerage Authority . 1998. New Water Tariff.

Guardian Reporter . 1999. Minimum pay raised to 30 000, The Guardian, 27 July, pp. 1 + 5.

Humphreys H. 1995. Rehabilitation of Dar es Salaam Water Supply System. Feasibility Report, Main Report (United Republic of Tanzania, National Urban Water Authority), 287 pp.

JICA . 1991. The Study on Rehabilitation of Dar es Salaam Water Supply in the United Republic of Tanzania. Final Report, Vol. 2: Main Report (Dar es Salaam, Japan International Cooperation Agency).

Kanza G G & Ndesamburo J. 1996. An approach towards solving water related environmental problems in Dares Salaam City, in: J. Niemczynowicz (Ed.) Integrated Water Management in Urban Areas: Searching for New, Realistic Approaches with Respect to the Developing World, Lund, Sweden,26 – 30 September, 1995 (Zuerich – Uetikon, Switzerland, Transtec Publications), pp. 379 – 394.

Kibanda A. 1999. Kima cha chini sasa 30 000/ – kutoka 17 500, Mtanzania, 27 July, pp. 1 – 2.

Kiilu Tesha & Materu . 1995. Urban Water Demand Study. Dares Salaam Household Water Demand Sample Survey. August 1995, Preliminary Report (Dar es Salaam, Centre for Energy, Environment,Science and Technology—(CEEST), 40 pp.

Mashauri D A & Katko T S. 1993. Water supply development and tariffs in Tanzania: from free water policy towards cost recovery, Environmental Management, 17(1), pp. 31 – 39.

Mosi J B R. 1996. Urban population growth and accessibility to domestic water supply in Tanzania, a case study of Dares Salaam City, dissertation, University of Dar es Salaam, 112 pp.

Mujwahuzi M R. 1993. Willingness – to – Pay for Water and Sanitation in Dares Salaam, Research Report No. 83 (Dares Salaam, University of Dar es Salaam).

Ngallaba S, Kapiga S H, Ruyobya I, et al . 1993. Tanzania Demographic and Health Survey 1991/1992, (Dar es Salaam, Tanzania and Columbia, MD USA, Bureau of Statistics, Planning Commission, Macro International).

Shugart C. 1991. An Exploratory Study of the Water Standpipe – Vendor System in Jakarta (Cambridge, MA: Harvard Institute for International Development), 52 pp.

United Republic of Tanzania . 1994. Household Budget Survey 1991/1992, Vol. IIh Housing Conditions (Dares Salaam, Tanzania Mainland. Bureau of Statistics, The Planning Commission, President's Office) ,66 pp.

United Republic of Tanzania . 1995. Water and Sanitation Sector Review, Draft Final Report. (Dar – EsSalaam. Ministry of Water, Energy and Minerals), 119 pp.

United Republic of Tanzania. 1996. Dares Salaam Regional Statistical Abstract 1993 (Dares Salaam, Bureau of Statistics, The Planning Commission, President's Office), 53 pp.

Zaroff B & Okun D A. 1984. Water vending in developing countries, Aqua, 5, pp. 289 – 295.

第 11 章　南非水资源高效利用一体化管理

（DHESIGEN NAIDOO & GEORGE CONSTANTINIDES 著）

　　南非作为一个前殖民地国家正面临着一系列的艰巨挑战，其中重要的一项是将全体国民纳入国家的基本服务保障。南非正在努力改变殖民统治遗留的现状，即一个国家两种世界，一个发达的白人组成的世界和一个贫穷的世界。通过发展和实施管网与水管终端改造高效节水，这样有更多的水可用来满足其他需求。本章讨论的是在国家新的水法保障下实施和发展各项政策以达到上述目标，本章还对一城镇供水案例进行了研究。

11.1　南非水资源简介

　　谈到和南非有关的问题就很难单独将其与她过去 300 年，特别是近 50 年的历史所产生的影响分开来讨论。在接近 50 年的殖民时期（1948～1994 年）和过去的 250 年里，殖民导致不同种族间不能平等地参与和开发国家资源，而目前南非居民参与基本水服务的情况和上面的原因息息相关，南非居民参与基本水服务的基本特征有：

　　（1）水资源优先用于农业。现阶段农业用水大约占南非全国用水总量的 54%，主要用于白人所属的农场，涵盖了面积超过 83% 的可耕种土地。

　　（2）大型工厂的厂址离主要河流干道很远，而随着工厂的发展所需求的水量远远超过供水量。这意味着大型的昂贵的运水设施有市场，并且一定程度上能够解决缺水问题。

　　（3）由于种族隔离政策所导致的社会公共工程在不同的种族间实施的差别，其直接结果是白人社区自来水管网高效运行，而在黑人社区情况却截然相反。另外，据估计在 4 000 万人口中 900～1 200 万人未享受到饮用水供应。

　　下面是南非水务工业的简要概述和制定国家水法要审慎考虑的因

素。水务立法是基于近两年颁布的两部法令:《供水服务条例》(1997年第 108 号)和《国家水法》(1998 年第 36 号)。这两个新颁布的法令规定了以下基本原则:

(1)政府是国家水资源的管理者,代表全体人民管理水资源。这意味着政府对水资源没有拥有权只有使用权。

(2)通过建立流域机构让更多的社会团体、种族代表等参与水资源管理。

(3)建立满足民众对水的基本需求和环境要求的水资源储备,以提高用水效率。

11.2 实施水土保持和水资源需求管理 (WC/WDM)达到高效用水

新的民主南非面临的现实问题是必须对其有限的经济和水资源的管理进行改善。南非是一个水资源贫乏的发展中国家(见图 11.1)。实施水土保持和水资源需求管理不仅有利于水资源的可持续发展,而且对于提高经济效益和促进社会发展也是必需的。通过对水资源一体化管理,水资源管理模式发生重大的变化,进一步认识到实施水土保持和水资源需求管理的必要性,水资源管理必须面向消费者。在南非,直到最近还在以传统的供水管理模式在运行,为不断地开发新的水资源以满足用水需求,过去常常采用这种管理模式。用水需求分析往往被忽略,也没有认识到现有水资源的不足。而水资源管理的目的就是用最经济的办法增加水量满足用水需求,然而这一点忽略的是最经济的方法,而且对用户、环境和社会不一定是最有效和可行的方法。

上述管理模式的另一特征就是,为了防止水资源白白流入大海而蓄水。这意味着这些水资源不需要通过很多限制就可以重新进行分配。结果导致很多用户发生用水浪费的现象,特别是在农业部门,用水还能得到政府的补贴。并且这项政策也不利于促进社会公平,因为它没有充分地考虑到新的用户以及新生代的权益。

实施水土保持和水资源需求管理的水服务机制

直到最近,中央政府对于自来水公司、地方政府和服务机构提供的

未来 (2003 年) 考虑流域内调水时水的利用 (假设没有需水管理)

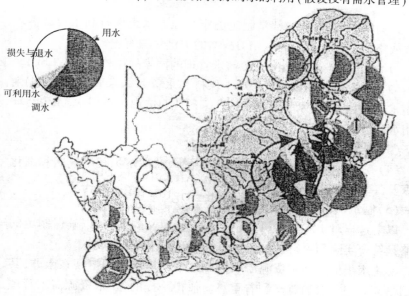

图 11.1　基于现状不考虑节水和需水管理下水资源平衡预测

水服务仍然采取不控制的态度。导致供水服务不被重视的主要原因是基于城镇和生活用水不足总用水量的 15% 的事实。但是,产生这种错误认识的主要原因是对于过去和未来用水量的测算都是根据各部门所需的水量为基础的。众所周知,南非农业和采矿业的需水量已进入负增长的状态。

　　新的管理模式要求服务提供商对消费者采取更加负责的态度。这样做不仅仅是由于缺水的压力,也是为了提高经济效益和减少积压的事务。过去水服务机构不够负责,在当时的社会政治条件下导致财务损失较大,并且社区间的服务水平各不相同。而实施水土保持和水资源需求管理将把重点放在消费者服务上,努力提高经济效益,保持水资源可持续发展。

11.3　实施水土保持和水资源需求管理战略简介

在南非,水务与林业部是制定国家与地方水土保持和水资源需求管理战略的主要机构。制定相关战略的关键步骤有:

(1)制定水土保持和水资源需求管理的国家战略构架(NWCSF)。

(2)制定出各用水部门的水土保持和水资源需求管理战略:①生活用水;②农业与林业用水;③工业、采矿业与电力工业用水;④生态环境用水。

(3)制定与流域战略一致的地方性战略。

(4)在水土保持与水资源需求管理的国家战略构架下巩固和细化国家及各部门的战略。

(5)制定执行各战略的规则、程序和发展方针。

以上过程对于水务部门来说是非常有意义的参与,以确保制定的战略是符合实际和可行的。

实施水土保持和水资源需求管理这个术语不断地出现在南非,其原因是其非同一般的意义和着重点。值得一提的是,水资源需求管理(WDM)不仅仅是这种管理方法,它可以外延到更广的概念,即不仅满足水资源管理和生态用水,而且通过理念来达到经济效益、社会发展和社会平等。

南非国家水土保持和水资源需求管理战略框架(1999年)中,水土保持的定义是:最大程度地减少水土流失,保护水资源并且高效地利用水资源。

水资源需求管理的定义是:通过执行相关的方针政策控制需水和用水,在有限的水资源条件下实现经济效益、社会发展、社会公平、环境保护,可持续性地发展供水。(国家水土保持和水资源需求管理战略框架,1999年)

第三个新的概念是综合资源规划(IRP)。综合资源规划就是根据需求侧管理和供给侧管理确定最佳的规划方案。

综合资源规划的定义是:根据需水量的变化和水务机构的运行方式进行分析评估,在衡量各供水与需水因素的基础上确定最佳的供水方案。方案必须保证向用水户提供可靠的服务,也必须能够促进经济稳定发展、社会公平及环境可持续性发展,水务机构能够获得合理的投资回报。(国家水土保持和水资源需求管理战略框架,1999 年)

以下的目标组成奠定了水土保持和水资源需求管理战略,并在南非着手执行:

(1)在所有的水管理与水务服务机构打造水土保持和水资源需求管理文化;

(2)支持水管理与水务服务机构实施水土保持和水资源需求管理;

(3)塑造一个面向消费者与用户的水土保持和水资源需求管理文化;

(4)促进国际合作,特别是同一流域国家的合作,联合发展水土保持和水资源需求管理战略;

(5)协调水管理与水务服务机构的工作符合综合资源规划;

(6)促进社会发展与社会公平;

(7)促进生态环境保护,以及水资源可持续发展;

(8)采用各种经济指标评估水资源发展计划。

在水务管理部门实现以上目标的关键在于水务与林业部正在审核的水资源发展草案。新的草案在旧的基础上增加了两个重要环节(前文中的第 2、3 步骤)。第一个环节就是坚持在供水部门制定相关条例,包括评估现有的供水管网系统参数,例如未计量用水,用现有的模式评估最佳样本等。一项对于水土保持和水资源需求管理潜力的评估正在进行中,同时需水预测也将进行相应的调整,这将在第 3 步骤实施。进一步的评估可能在基础设施方面开展,即水坝、运输方案等。

下面以一城市的案例说明国家水土保持和水资源需求管理战略框架的几个关键要素。

11.4　德班市(Durban)案例

本案例是用来说明在南非实施水资源需求管理方法以及引进综合资源规划理念后,实际收到的效果。下面的案例分析回顾了水资源需求管理在德班地区的影响及潜力,德班地区位于 Kwazulu Natal 省,是南非第二大都市。

11.4.1　背景

德班给水排水公司以 Umgeni 自来水公司和大宗供水商为后盾向德班市区供水。德班市区用水占 Umgeni 自来水公司供水量的 80%,而德班市区用水量增长率从过去 10 年中的每年约 6% 降到近 5 年的4%。德班给水排水公司向 260 万人提供用水服务,其中接近 60 万人得不到足够的供水。整个市区既有城镇人口也有农村人口。

德班给水排水公司隶属于德班市政局。1995 年以前德班地区供水都是由地方政府负责,然而一些地方政府没有足够的储水量和有效的送水,导致未计量用水和浪费水的现象较为普遍。随着小供水商与德班给水排水公司不断的合并,送水服务效率相应得到提高。

11.4.2　水资源需求管理措施

德班给水排水公司在过去的两年中采取了一系列水资源需求管理措施,具体可以分为五类,即被动的给水管网运行和养护管理措施;积极的给水管网运行和养护管理措施;新用户需求管理措施;新增用户需求管理措施;污水回收管理。

在用户需求管理和回收水管理条目中所提到的措施正处于规划阶段,在今后的几年里将逐步实施。而上面介绍的各种措施可帮助供水商减少财务成本。

11.4.2.1　被动的给水管网运行和养护管理措施

以下措施在两年前就已确定,目前正在实施:

● 采用计算机控制室管理漏水。24 人专人全天候服务,预期响应时间为 4 小时,然后将结果反馈给报告漏水的用户,这样有利于改善供水机构在用户中的印象,也有利于加强与客户之间的联系。

● 建立中央远程控制室。管理所有的水库和泵站,增加水库和泵站运行的稳定性。

● 引入水量平衡机制。在小区和用户端安装水表。这样可以评估每个小区未计量用水的水平,有利于发现漏水情况。

● 通过定期检查水表数据记录装置,可以有效地预测漏水水平。

11.4.2.2　积极的给水管网运行和养护管理措施

● 采取水压分区制与水压管理制。采取水压管理的目的是将各区水压最大值减少到 6 bar(压强单位),以减少水压的起伏。

● 及时更换自来水管。

● 增强用户水表管理和更换工作。

● 采用声探技术等加强漏水探测。

● 在黑人社区进行自来水管网系统升级。

11.4.2.3　用户需求管理措施

● 引进梯级水费制。新的水费制将根据需水量的相应变化,目前正在研究针对不同用水户的弹性水价政策。

● 对于每一家庭每月免费供应基本生活用水 6 t,这个措施虽然和水资源需求管理措施相左,但是这个措施有利于各社区减少生活用水。其原因在于对于大多数的困难家庭有了每月 6 t 用水的保障后就不用采取非法接水等手段。

● 在较贫困的社区对每家每户的管道设备进行维修。已经有许多类似的工程与维修水龙头,各家各户均拥有厕所。在所有地区完成管道设备维修前,还将有大规模的建设工程。

● 将读水表的频率从 3 个月 1 次提高到每月 1 次。虽然这个措施很难量化,但是采取这个措施的主要目的是减少用水需求量,主要原因如下:第一,消费者可以根据每月的水费单更有效地了解其消费行为;第二,可以及时提醒短时间内由于地下管道渗漏而导致耗水量不正常高的用户。

● 引进资讯丰富的水费单。新的水费单将集信息丰富与创意于一体。新的形式将提醒用户现在水的消费趋势,和其他用户相比,本人的消费有何不同、水费是如何计算的,并且提供面向用户的信息。但是以上措施只在试点地区实施,在未来的几年内向所有用户实施。试点工程显示需水量有 7% 的下降潜力。

● 信用管理措施。德班地区供水服务支付率高达95%以上,是这个国家最高的。每天只有将近 1 000 个用户由于拖欠水费而被停止供水。

11.4.2.4　新用户需求管理措施

在德班地区,新的水服务开始面向各供水社区。新的水服务有多种选择权,并且可根据消费水平和消费特点确定相应的服务。新的用户可以选择多种服务,而公共参与也作为确认得到社区大多数人认可的一项新的措施。社区参与运行和维护管网系统成为这个措施的一个亮点。例如,在较贫困的社区采用储水池给社区进行无压供水。储水池为每位用户每天提供 200 L 水。这样的结果是未计水量的损失减少,用户需水管理效率提高。通过这样的供水系统,据估计每年的耗水量比同期采用传统供水系统减少用水高达 50% 以上。

11.4.2.5　污水回收管理

通过经济可行性评价后,德班给水排水局目前正在建设一座日处理废水达 4 万 t 的污水处理厂,然后卖给工业用水部门。这样就可以减少工厂的饮用水使用量,而未来将更多地考虑污废水回收。

11.4.3　需求管理目标

德班地区从 1997 年引进水资源需求管理措施后供水需求保持零增长,该措施不仅能抵消人口自然增长增加的水量,据估计在未来的 7 年中,该措施还可以维持供水需求的零增长。未计水量损失的比例也从 1998 年 1 月的 41% 下降到 1999 年 5 月的 30%。据预测,总耗水量还有 35% 的下降空间,其中减少漏水损失 15%,实施高效用水后减少用水量 20%。自然增长导致用水量的增加最多达到 3%,而通过工业采用回收污水可减少 15% 的用水量。

11.4.4　水资源需求管理的经济价值

从不同的视角出发就有不同的经济检验方法。在评价水资源管理需求经济效益的方法中最重要的两种方法是水务部门检测和总资源检测。下面是水务部门有关水资源需求管理经济可行性检测的详细说明。

水务部门检测。在整个水供应链中水务部门鉴定成本效益。在德班地区有 3 个实体参与到供水链中:水务与林业部,Umgeni 自来水公司和德班给水排水局。这 3 个实体都是公共或政府机构,不以盈利为目的,因此在作经济评价时将它们视为一个整体。

成本估算根据下面的公式来计算:

$$WIT = OS + IS - PC - FR$$

式中：OS 为所有水务机构运行节约成本；IS 为所有基建投资节约成本；PC 为实施水资源需求管理措施耗费的成本；FR 为由于水务机构征收税收导致需求减少的费用。

对于水资源需求管理措施的细致的经济评估目前正在有序进行，较为粗略的评估计算是基于以下信息所开展的：

● 折现率取 7%。

● 未来 15 年增加供水规划资金成本将达到 15 亿兰特（南非货币），详细情况见表 11.1。

表 11.1　水利基础设施需求（基于规划预测的数据，未来可能发生变化）

工程项目	建成时间（没有水资源需求管理）	建成时间（有水资源需求管理）	投资（百万兰特）
Midmar 大坝加高	2000	2001	23.3
Mearns 大坝	2001	2004	87.5
Spring Grove Dam 大坝	2003	2010	104.65
Impendle 计划（第一阶段）	2008	2020	807.75
Impendle 计划（第二阶段）	2016	2030	469.00
Nzinga 提水工程	2004	2011	5.92
Bulwer 大坝	2006	2014	17.84

● 根据现有的没有采取水资源需求管理措施的供水工程规模，未来 20 年大型基础设施建设资金成本约为 15 亿兰特（平均每年投入 7 500 万兰特）。

● 供水的净成本是 70 分/KL，其中包括供水与处理废水所花的加工成本和用电。

计算总结如下：

未来 15 年由于延缓建设的水利基础设施资金成本结余现值

= 6.327 3 亿 – 1.424 8 亿

=4.9 亿(兰特)

未来 15 年由于延缓建设的大型供水基础设施资金成本结余现值

=7.085 亿 - 3.043 亿

=4.042 亿(兰特)

未来 15 年由于减少运行资金成本结余现值

=29.788 3 亿 - 23.610 2 亿

=6.178 1 亿(兰特)

预计的税收现值 =0

因此,在未来 15 年水务部门在实现水资源需求管理的同时可实现经济总价值为 15.120 1 亿兰特(现值),已减去实施水资源需求管理所花费的成本。

11.5　结论

南非已逐渐进入实施水资源管理一体化的时期。这种管理模式是以水资源高效管理为基础,以政府的管理方针为指导的。这种管理模式同时受到了来自工业用水、供水方和用水方资源不平衡等方面的巨大压力。这项计划需要将加强公共意识和能力建设作为重要的一步,同时它也受到法律的保护。

很显然,如果现有的模式一直发展下去,高密度的人口与经济活跃的发展将不能很好地达到和谐发展。据乐观估计,上述情况在采取水土保持与水资源需求管理措施后将会发生引人注目的变化。

参考文献

The National Water Act. Act 36 of 1998. Republic of South Africa (Government (gazette no. 19182).

The Water Services Act. Act 108 of 1997. Republic of South Africa (Government Gazette no. 18522).

Draft National Water Conservation Strategy Framework for South Africa, "Department of Water Affairs and Forestry, May 1999 (Pretoria).

Overview of Water Resources Availability and Utilisation in South Africa, Department of Water flairs and Forestry, August 1997 (Pretoria).

结　语

全球经验(包括桑尼乌法、土耳其)——水资源发展研讨会

东南 Anatolia 项目的主席 Unver 博士联合 Asit K. Biswas 教授(国际水资源协会国际合作委员会主席,第三世界水资源管理中心主任) 1999 年 11 月 8～11 日召集了水资源发展计划研讨会,题名为全球经验(包括桑尼乌法,土耳其)。知名专家学者 Benedito P. F. Braga 教授(国际水资源协会主席)、George Verghese 教授(德里政策研究中心)、Naser Bateni(加利福尼亚水资源部)、Yutaka Takahasi 教授(东京大学)、Claude Salvetti(法国水利学会)和方子云(Fang Ziyun)教授(长江流域水资源保护局)出席了此次研讨会。

此次研讨会的目的是评估所选水资源开发计划的影响,特别是对所在区域各方面的影响。会上就全球水力开发的经验报告、东南 Anatolia 项目(GAP)作为典型案例进行了深入探讨。研讨会程序安排紧凑,讨论范围博大精深。大会论述了世界大型水力开发计划的经验,包括现阶段日本河流管理,长江三峡大坝的历史、规划与发展,印度萨达尔萨罗瓦调水工程,建造阿塔特克大坝对环境、社会与经济的影响,加利福尼亚水资源开发经验,巴西调水经验和埃及西水东调工程。

水资源开发只是一种手段,其最终目的是改善民众生活质量和保护生态环境。此次研讨会中的许多介绍资料都直接或间接地提到了这一点。遗憾的是,水资源开发的最基本目的往往得不到社会大众很好的理解。毫不奇怪的是现在全球正在高涨的反坝运动,以及水资源基建运动,反坝者极力否认水坝对于社会经济积极的一面。目前,水专家们只参加过激进反坝者的议程,现在是到水专家们建立自己的议程来讨论全球水问题时候了,而不是仅仅回应其他团体的议程。此次在桑尼乌法(Sanliurfa)举行的研讨会在这一方面迈出了积极的一步,会上水专家们第一次明确讨论了大型水力开发计划的利弊,以及对民众生活和环境的影响。

东南 Anatolia 工程,作为土耳其东南部统一规划的区域工程,不仅影响到当地经济发展,而且改变了民众的生活方式,工程对于这个国家的影响在未来的几年内都会看到。整个工程包括 22 个水库和 19 个从幼发拉底河与底格里斯河取水的灌溉工程方案。东南 Anatolia 工程综合考虑各部门的发展,包括农业、工业、交通运输、房地产、城乡基建、卫生、教育、旅游和环境部门等。工程在灌溉渠道的管理制度、灌溉系统管理和运行及维护、城镇废水的循环利用、本地区基建设施及发展计划、区域环境研究、农业研究与发展计划、参与城镇分区及规划等也开始执行。东南 Anatolia 工程对于民众生活方式的改善可从以下几个方面评价:入学率(从 1985 年的 55% 上升到 1997 年的 67%)、婴儿死亡率(从 1985 年的 11.1% 下降到 1995 年的 6.2%)、失地人口(从 1985 年的 40% 到 1997 年的 25%)、城乡供水(城市从 57% 上升到 67%,农村从 15% 增至 57%)。整体来说,迁出率下降,对于地区经济发展起着巨大(正面)作用。

对于类似印度萨达尔萨罗瓦调水工程、中国三峡工程及埃及阿斯旺水坝这类大型水力开发工程的反对声浪和误解在会上也得到了讨论。由于建造水利工程一些团体的利益受到威胁,因此他们散布错误的信息给民众,从而导致水坝会损害民众利益与环境的错误观点。这些激进团体不考虑建设和运行水利工程后给社会带来的实惠。例如,现在广为流传的错误信息,世界上许多人相信阿斯旺水坝对于环境与经济是一场灾难。但是,事实上,阿斯旺水坝是埃及这几十年来社会经济发展的保障,没有这座工程,埃及民众的生活水平将比现在糟糕。遗憾的是,如此重要的事实在全球范围内却不被广知。

印度的萨达尔萨罗瓦调水工程近年来也饱受争议。当其被指责破坏环境与减少当地人口之时,却没有提到 10 多年前工程建设时期的移民安置,以及其深刻的改变移民生活方式、工资、文化水平和卫生设施等。而萨达尔萨罗瓦调水工程对于地区经济发展和生活方式的贡献是不可磨灭的。因此,对于类似的大型工程,实施的每一步都要尽可能地扩大其正面效益,将负面效益减少到最小,这样对社会及环境的贡献才会大于破坏。

正如 Unver 博士(GAP 主席)强调的:"像 GAP 这类大型的水资源开发注定会有影响,并且不仅仅在于和灌溉相关的活动,它延伸到生活的各个方面,包括各社会经济部门。在农场发展方面、农民培训计划、农业供应、信贷及市场安排、土壤处理、农村基建、灌溉系统的运行与维护、环境保护、文化历史遗产的继承、社会的感观和期待等等这些都是水利部门需要进一步研究的课题。"

会议还就巴西、中国、法国、美国和土耳其的工程经验进行了探讨。研讨会令人印象深刻的是权威的资料、博大精深的讨论以及 GAP 工程的热情款待。通过精心挑选将参与者人数限制到 25 人,确保高质量的会议资料。水专家们需要更多类似的有组织的会议来促进知识进步与交流,这样才能解决 21 世纪所面临的水问题。

研讨会的资料和结论将于 2000 年出版,Olcay Unver 与 Asit K. Biswas 担任编辑。

Cecilia Tortajada
于第三世界水资源管理中心
墨西哥城